Das geheime Netzwerk der Natur

大自然的社交网络

[德] 彼得·渥雷本 著

周海燕 吴志鹏 译

北京联合出版公司
Beijing United Publishing Co.,Ltd.

在大自然中

不仅每一个齿轮与其他的齿轮相互啮合，

所有的一切都与其他要素

相互交织成一张大网。

序

PREFACE

大自然好比是一个巨大的机械钟表，自然中的一切事物都清清楚楚井然有序，并且相互关联，每一要素都具有各自的位置和功能。让我们以狼为例：狼隶属于食肉目，进而归为犬科，再进而归为犬属，最后属于狼及胡狼种。作为食肉动物，它们可以调节食草动物的数量，使鹿不至于过量繁殖。之所以自然中的万物能很好地相互平衡，是因为每一个物种在生态系统里都有各自存在的意义和任务。而我们人类却自以为这样的生态系统一目了然，且非常稳定。作为曾经的草原居民，我们人类倚仗最重要的感觉器官——眼睛，来俯瞰一切。但是我们真的能够做到一览无遗吗?

由此我想起了孩提时代的一个小故事。那时我大约五岁，有一次放假去看望住在维尔茨堡的爷爷奶奶。那天爷爷送我一块旧手表。拿到手表的时候我迫切地想知道它的工作原理，于是立即把手表拆得只剩一堆零件。虽然当时我非常有信心能把手表重新组装起来，让它能继续正常运作，但是最后却没有成功——毕竟那时我还只是个小孩儿。当我重新组装完成后，发现还剩了一些小齿轮，以及一旁不太高兴的爷爷。

在大自然中，以狼为例，它们就起着“齿轮”的作用。如果我们把它们消灭了，那么不仅仅是那些牛羊饲养者的敌人消失了，大自然这部精密的机械钟表也将开始出现偏差。这样的偏差，可能是河流改道，也可能是当地许多鸟类灭绝。

同样，当人们给大自然增添些什么，比如释放一种新的鱼类，也会打乱自然的步调。这种做法可能会导致当地的鹿群数量急剧下降。鱼会导致鹿群数量下降吗？是的，因为地球的生态系统稍有些复杂，不能简单用因果规律来判定将结果归于哪个原因。甚至那些保护自然的措施本身，也经常引起一些意想不到的效果。比如，回升的鹤群数量竟然能影响西班牙的火腿产量。

所以当务之急，是致力于研究大大小小的种群之间的关联。因此我们也应该去观察一些不起眼的小生物，比如红头苍蝇，它们只出没于冬天的夜晚，期待能找着根旧骨头；或是甲壳虫，它们喜欢腐朽的树洞，在那里能吃到鸽子和猫头鹰的羽毛残渣（也很有可能是两种动物混在一起的羽毛！）。当人们更深入地探究物种之间的关系，就会领略到更多奇妙的事情。

难道大自然的复杂程度还不如一块机械表？在大自然中不仅每一个齿轮与其他的齿轮相互啮合，所有的一切都与其他要素相互交织成一张大网。这张大网伸出无比复杂的分支，以至于我们根本无法领略其全貌。而这正是自然的神奇之处，也正因如此我们才能保留那份对未知植物与动物的惊叹。而且重要的是，我们必须认识到，哪怕人类微小的干涉也会带来极大的后果，所以不到必要关头，我们最好不要干涉大自然。

为了让您对这张复杂无比的大网有更直观的了解，我将通过举例子的方式为您娓娓道来——让我们一同来感受大自然带给我们的惊奇。

Peter Wohlleben

目录
CONTENTS

第一章

为什么狼拯救了森林

Why wolves saved the trees

狼群的例子，很好地证明了
大自然里的一切是如何复杂地相互关联的。
令人惊讶的是，食肉动物
竟然可以让河流改道，进而重新形成河岸。

狼群的例子，很好地证明了大自然里的一切是如何复杂地相互关联的。令人惊讶的是，食肉动物竟然可以让河流改道，进而重新形成河岸。

美国黄石国家公园就曾发生过河流改道的事情。19 世纪，住在公园近郊的农民由于担心牲畜的安全，迫于压力开始大规模消灭狼群。到 1926 年，最后一群狼被歼灭。在随后的 30 年代里，人们还能时不时地发现几头独狼，直到最后，这几头狼也被捕杀殆尽。而公园内其他动物则幸免于难，还得到了人们积极的保护，比如鹿。当冬天特别寒冷的时候，甚至还有自然保护官来给它们喂食。

然而没过多久，人们看到的却是这样的结果：没有食肉动物的侵袭，食草动物的数量急剧增长，公园内好几块草地被啃食得光秃秃的。河岸两边的草地最为严重——河岸边那些鲜嫩多汁的青草消失了，所有的新树苗也都如此。贫瘠的土地再也提供不了鸟儿需要的食物，导致鸟类的种群数量急剧下降。河狸也是受害者之一，它们不仅依赖水，而且依赖离河岸很近的树木生存。柳树和白杨树算是河狸最爱的食物，它们会啃咬树干把树弄倒，然后接近营养丰富的枝芽，开始津津有味地享用。而现在，所有沿河岸新生长的阔叶树的枝叶都已经被饥饿的鹿群吞进肚里，所以河狸再也找不到任何食物，也就从这里消失了。

因为没有植被保护土地，河岸开始变得贫瘠，所以黄石国家公园大水频发，致使土地变得松动——土壤迅速被侵蚀。这导致河床开始变得绵延弯曲，蛇形环绕于田野间。底层土壤越松，这种状况越严重，尤其是平原地带。

这种可悲的状况一直持续了几十年，确切地说，一直持续到 1995 年。那一年，人们为了重新恢复生态平衡，开始猎捕加拿大的狼群，然后放养到黄石公园。

从捕杀狼群开始的之后几年，直至今日所发生的自然地貌的变动，科学家们称其为“营养级联”。这一概念的定义是：整个生态系统的食物链自上而下发生了改变。站在食物链顶端的是狼，捕杀狼所引发的结果，或许可以称为“营养崩塌”。同我们人类一样，狼在饥饿时只做一件事情：找些东西来吃。对它们来说，鹿是食物，因为鹿的数量较多且易于捕猎。于是结果也就一目了然：狼吃掉鹿，鹿的数量急剧下降，然后那些小树又得以继续生长。那是不是意味着，狼会取代鹿？所幸在大自然里不存在如此一目了然的替换行为，因为鹿的数量越少，狼就需要越多的时间来搜寻，直到鹿的数量减少到一定程度，就不值得狼继续搜捕了。这种情况下，狼要么迁移到别处，要么继续挨饿。

在黄石国家公园内，人们还发现其他一些有趣的现象：狼群的出现改变了鹿的行为，鹿害怕了起来，它们不再去河岸边空旷的区域，而是撤回到隐蔽性更好的地方。它们也会回到水边，但是不会在那里逗留太久，一旦有风吹草动，它们就非常害怕，以为看到了狼。所以，即使沿着河岸又长出一大片新树苗，鹿也根本没时间弯下腰来享用柳树和白杨树的嫩芽。这两种树属于所谓的“树木先头部队”，比大部分树种生长得更迅速，一年内长高一米也不是新鲜事。

没过几年，黄石公园里的河岸重新变得坚固，河水在河床内安静地流淌，不再带走泥土，绵延弯曲的现象也不再继续。但那些截断原野的河流所形成的弯弯曲曲的曲线，却再难变回原样了。

值得一提的是，河狸又有食物了。它们修建自己的堤坝，使河水流速变慢。由此堤坝附近出现了很多水坑，成了两栖动物的一片天堂。在这一片万物繁荣的景象下，鸟类的种群数量也明显回升。（在黄石国家公园的主页上，您会看到一段令人印象深刻的录像。）

然而上面提到的狼群回归促进树木生长的观点受到了质疑。因为狼群返回的那一年，恰逢持续多年的旱灾结束，有了久违的充沛雨量，树木也能更好地生长——柳树和白杨树都喜欢潮湿的土壤。不过这一解释还是没有考虑到河狸的存在，它们定居何处，几乎不受当地降雨量的影响，至少河岸附近的河狸不会。河狸建的堤坝会阻挡河水，使河水顺着堤坝一点点渗透至岸边树根那一侧，帮助树木在数月没有降雨的情况下仍能吸收到充足的水分。正是狼群的回归开启了这一过程：河岸两边鹿的数量减少 = 柳树和白杨树的数量增多 = 河狸的数量增多。这样说您明白了吗？

您以为您懂了，但实际上这一切比想象的更加复杂。某些科学家认为，鹿的数量是关键所在，而非鹿的行为。当狼群回归以后，公园里鹿的总量减少了（因为它们很多都被狼吃了），所以河岸边的鹿自然也变少了。

您现在是不是被彻底弄糊涂了？那也不奇怪。我必须承认，我自己有时也好像回到了序言里提到的五岁时的处境。在黄石公园发生的这件事上，因为人为的干预行为被修正，大自然这块机械表慢慢开始重新计时。即使科学家们没有理解整个过程的细枝末节，能够做到目前这些也算是令人欣慰。然而，哪怕最小的干预也会导致不可估量的改变，人们越深刻地意识到这一点，就越能理解推行全面的环境保护措施的必要性。

狼群的回归不仅帮助了树木和河岸边的定居者，也让其他食肉动物从中获利。在狼群消失的十年间，由于鹿的过度繁殖，灰熊过得也不怎么好。灰熊在秋天靠野果子来维持生计，它们不厌其烦地用这种满是糖和碳水化合物的能量小球喂养自己的孩子，使幼熊体重稳步增加。低矮的灌木丛看似有取之不尽的野果子，但总有一天也会提供不了足够的果实，或者说得更确切些，野果子已经被掠夺光——因为鹿也喜欢吃这些富含卡路里的果子。而现在，狼群重新回来猎捕鹿，使得灰熊在秋天又有了剩余的果子可以吃，熊的健康又有了保障。

***

我以狼的故事作为开头，阐述了养牛人迫使狼被赶尽杀绝的事实。狼群虽然消失了，但是养牛人还在，他们在黄石公园周围定居至今，饲养牲畜的牧场也一直延伸至公园边界。在过去数十年里，他们很多人对狼群的态度并未改变，这也就不奇怪，为什么他们一出公园便猎杀狼群。虽然这片区域很适合繁衍生息，但狼的数量在过去几年间又一次严重下降。而动物的种类也从 2003 年的最高值 174 种，下降到现在大约 100 种。

狼再次遭到猎杀的原因，不仅仅出在不喜欢动物的农民身上，同样也归咎于日益发达的科技。黄石区域许多狼的脖子上都套着可以发射定位信号的绑带，专家借此可以追踪狼群，了解它们在公园中的迁徙路径，或者何时走出了公园边界。正如一位研究狼的专家埃莉·拉丁格女士的描述，有些非法的设备同样可以利用这一信号来监视狼群，一旦它们离开保护区就会被猎捕。用这种方法来捕猎狼群再有效不过了，很显然德国的偷猎者也学会了这一套，2016 年在梅克伦堡－前波美拉尼亚州的吕布滕－海德地区，一头小狼被射杀时，它的脖子上就套着发射定位信号的绑带。这一科技被如此运用是很遗憾的事，但毕竟它能帮人们更好地了解狼群的活动。

即便有这些负面的新闻，狼还是成为环保乐观主义者眼里的形象大使。在人口密集的中欧地区，这类较大的野生动物可以重新回来，几乎成了一个奇迹——更值得一提的是，民众对此欣然接受，并且衷心祝福。这不仅对热爱自然的人来说是件幸事，对大自然本身来说也是如此。目前我们德国处于同黄石地区几乎完全类似的情况，数量众多的鹿、狍子和野猪生活在这里，至今，它们中的大部分依然不受狼与其同类的侵扰。正如曾经在美国国家公园里发生的事情一样，它们依旧被喂得饱饱的，严酷的冬天几乎也不会让它们遭遇自然淘汰，哪怕弱小的动物和植物，也都能幸免于难。只是这回喂养它们的不再是自然保护官，而是猎人。他们用拖车把成吨的玉米、萝卜和草料拖进森林，为了给猎物持续提供充足的食物。

林业经济也同样参与了一部分“营养级联”。人们过量地开发森林，砍伐大片树木之后，土地受到更多光照，使得草地到处萌发新芽，这就意味着食草动物可以获取更多食物，而数量也会随之增加。目前，野生动物的数量达到了从前原始森林动物数量的五十倍水平。这一大群动物吃掉了大部分的树苗，所以天然森林的开发在很多地方无法进行。

人类的过度开发对森林是件坏事，对狼群来说却是件好事。在回归的狼群面前摆放着满满的食物，而居住在自然保护区附近的人类却完全忘记面对如此大的危险应该做出什么反应。100 多年来，也只有人类扮演着狼的敌人的角色，却还能存活下来。相较于多数野生动物，人类跑得更慢，听力也更逊色，或许视力是人类的强项，至少在白天来看是这样。所以经过一代又一代的进化，大型哺乳动物学会了一点，就是白天需要躲在树丛中，晚上才能出来活动。这个躲避人类的战术非常行之有效，使得大部分人通常都见不到野生动物，甚至不相信德国是地球上拥有野生动物最多的国家之一。

而现在狼又回来了，但是改变了猎取的目标。一开始它们追捕一些特别“温顺”的动物，比如欧洲盘羊。这种羊究竟算野生动物，还是只能算生长在野外的家畜，科学家们曾为此争论不休。一百年前，在某些地中海的小岛上，欧洲盘羊曾被人们猎捕并取下羊角后丢弃，而在我们所居住的周围也发生过同样的事情。欧洲盘羊那蜗牛状盘旋的羊角是猎人们华丽的战利品，他们把羊角和鹿角、狍子角放在一起，来装饰放置壁炉的那面墙。这种捕猎后取下羊角再遗弃动物的行径，即便是违法的，但直到今天依然存在。（很多都是“漏网之鱼”。）

无论如何，欧洲盘羊不算是野生动物，而一项最新的研究表明它们可能来源于家畜类：只要是有狼群出没的地方，它们就不见了踪影，其实是被狼吞进了肚子里。看样子它们已经忘记了怎样在平地逃避狼群追捕，转而开始适应山地。因为它们是一群定居在山里极棒的攀岩者，已经习惯利用陡峭的悬崖峭壁来躲开追捕者，所以在那里狼群毫无机会。而到了平坦的森林，欧洲盘羊就无法利用这一优势，在速度上完全不是狼的对手。所以现在又重新恢复了我们再也看不到羊群的自然常态。

狼接下来的目标，轮到鹿和狍子了。您可能会问，为什么不是家畜类？既然捕猎欧洲盘羊已经这么容易，那捕猎其他物种，比如山羊或者小牛又有什么难的呢？毕竟它们只是经常在围栏里走来走去，狼群可以轻易冲破或者跳进围栏。我们不应该只听信一些娱乐报纸上的头条新闻，那些报道只热衷于搜集一些不可信的狼袭击动物的小道消息（之后还会有更多后续报道），我们应该站在科学的高度来看待问题。科学家则会研究位于东德劳奇兹地区的狼群粪便，因为那里隐藏着最密集，也最原始的“灰色猎人”的痕迹。

位于格尔利茨的森肯伯格自然历史博物馆里，工作人员们收集了数以千计的狼的粪便样本，然后得到了如下结论：在粪便的营养来源中，占比例超过 50% 的，并非绵羊或者山羊，而是狍子；鹿和野猪加起来占了大约40%；接下来还是没轮到家畜类，而是兔子和一些类似的小型哺乳动物，占了大约4%；黇鹿在粪便里出现的比例只有2%，它们同欧洲盘羊一样，由于狼群的猎捕而被驱逐；最后才轮到只占0.75%的一些家畜出现在猎捕名单上，用以补全统计数据。

可是娱乐报纸报道的内容却恰恰相反。报纸上报道的更多是家畜被撕咬，而且每一则都占据头条位置。在基因分析得出结论之前，没有人知道罪魁祸首究竟是一头狼，还是有可能只是一头猎犬。这样的新闻也只能让民众自己去揣测事实真相了。而当猎杀者另有其他动物的事实被揭穿后，揭穿的内容也经常只是在脚注里一笔带过。但民众还是会有这样的印象，仿佛从此以后每一头山羊、每一只绵羊都因为狼而处于死亡的威胁中。

然而事实并非如此，因为将狼与那些家畜隔离开是一件非常简单的事情，很多情况下简简单单一张电网就够了，且那是饲养者本来就要装在围栏上的。这些栅栏就如同一张粗线条的网，上面缠绕了很细的电线，那些电线连接着牧场的电机装置，被通上了电。

在我住的地方，我们圈养山羊的牧场也用同样的方法装上了围栏，甚至有几次我自己都忘了进去之前先把电断掉。哎哟！电击确实有用，被电的时候就好像被人拿木板敲在后背上。自从那次经历后，我总会事先再三检查电线上是否还带着电流。

如果是狼被电到的话，情况就更糟了，因为它们只用鼻子或耳朵来触碰障碍物，如果下一次还要再冒着被电击的风险，它们宁愿选择去抓一些狍子或者野猪来享用。而我们只需要注意，栅栏是否足够高且有无损坏。有些专家认为栅栏 90 厘米就足够了，我们为了确保安全还是选择了 120 厘米的高度。

我的“私人”狼专家埃莉·拉丁格女士曾经告诉我，当较年迈的猎物被人射杀光后，狼群只能改变捕猎对象。它们没法再捕杀野猪、狍子或者鹿，取而代之的只能是绵羊和其他进入其视野范围内的动物。所以，那些憎恨狼群猎捕他们牲畜的人，应该把猎枪收回枪柜里去。

除去以上所说，狼群还可以起到这样的作用：它们以非常特殊的方式给每个森林体验者带来趣味。我还记得，当我有一天发现狼的脚印时，是多么兴奋和激动。当然，不是发生在我和家人生活的许梅尔，而是在瑞典中部一条孤寂的林荫小道上。仅仅因为见到一串脚印，就让穿越森林的徒步变成了一次探险，那片森林也显得更有荒野气息。而我想同许多人分享的也正是这一感觉：狼的出现使森林恢复了应有的荒野特质。这是一个信号，即便是在地球上人类居住密集的区域，也有可能重新看到那些已经销声匿迹的动物种群。而与黄石国家公园里出现的那一幕不同，这些狼群是自己返回的，它们从波兰出发并迁入德国，然后慢慢地从一个州扩散到另一个州。

* * *

那么现在，我们是不是每次在森林里散步都要提心吊胆呢？杂志上充斥着各种关于狼群行为异常的报道，而且不需要报道狼对人做了什么，仅仅只是提到有村子或者幼儿园附近发现了狼，就足以令人倒吸一口冷气。当然，它们毕竟是野兽，不适合抚摸和依偎，只要人们不故意吸引它们来亲近，危险系数还是可以控制的。

只可惜还是有一些国人经不住诱惑，想要给狼喂食。两头名叫库尔蒂和彭派克的狼就经常出现在明斯特和劳奇茨附近的村落觅食，原因正是如此。结果，在两头狼还没有带来什么危险之前，就被人们射杀了。在这件事情上，真正错误的并不在于动物，而在于那些总想要给它们喂食的人。

其实我们完全应该从另一个角度来观察和考虑所有的一切，如果不是几百头，而是几千头狼成群地迁入我们的森林，那么我们将会面临怎样危险的境地？

严格来说，我们从很早就已经身处这样的境地，而且愈演愈烈。因为不仅在空旷的原野里，在我们的城市中，就已经有很多“狼”的存在，那就是我们的宠物狗。狗同它们的祖先有一点本质的差别：狗不再惧怕我们。如果让我选择，是要遇到一条流浪的牧羊犬，还是一头狼，我会选那头野兽，因为后者在不确定的情况下只会表现得很好奇，然后当它知道面前是什么的时候，会掉头离开，因为我们人类并不在狼的猎捕范围内。

为什么只有狗会引起我的警惕，其实也不难理解。根据德国自然保护联盟（NABU）的主席奥拉夫·钦克的说法，每年有数万起动物咬人的事件被记录在案，其中有些非常严重甚至致死。您可以想象一下，如果哪怕有一小部分是由狼造成的——那么必然会有某些组织出面要求，将所有这些危险动物都射杀。

如今的头条新闻更愿意报道野猪。大约在柏林中部，野猪肆无忌惮地践踏草地，而草地的主人只能在数米开外大声喊叫，猛烈击掌，畏首畏尾地试图赶走这种动物。荒废的郁金香花圃、被啃光的葡萄园或玉米地——野猪所到之处，尽是产量亏损的农地与愤怒的人们。而野猪的数量近几年来只朝一个方向发展：直线上升，那是因为野猪在我们这里没有天敌，或者更确切地说：曾经没有。然而伴随着狼群的出现，它们第一次有了具有威胁的对手。

多年前，我有一次前往勃兰登堡的一座露天褐煤矿，沿途中踩到了狼粪。那些粪便里有白色的骸骨和浓密的黑毛——可以肯定是出自野猪身上。直到那一刻我才明白，狼群的生存实属不易（因为捕猎野猪并非易事），每当它们想要给小狼崽子喂食的时候，它们就必定会身处险境。

由此我联想到，曾经我作为围猎者之一参加的围猎行动。

同行的几条猎犬追逐几头野猪到了丛林处，然后跟着野猪进了林子。到了晚上，前去的五条猎犬只回来了三条，另外两条很可能在与野猪搏斗中丧命了。如果有可能，许多带狗狩猎的猎人，会坚持在出发前通知当地的兽医，并且保持联系。然而晚上结束一天的狩猎后，有些猎人还是不得不自己用针线，很快地为他们的猎狗缝补由野猪锋利的尖牙留下的伤口。

然后再说回狼，它们的性命很少会因为受伤而受到威胁，仅仅由于捕猎受限已经足以让它们挨饿，甚至饿死。而这些“灰色猎人”在十多年的捕猎生涯里一天天克服各种危险，实在是一件令人称奇的事。

在我们结束关于狼的话题之前，我想再次回到黄石国家公园，因为在那里我们又能观察到新的改变。您可能要问怎么又是黄石公园？其实也可以是地球上任何其他地方，只要是被生长的植物所覆盖，有丰富的动物种类，那么在中欧也同样可以，唯一的条件是，那里必须有一片广袤的土地——这里广袤的意思指的是几千平方公里——不会受到人类的干涉。可惜在我们住的范围内没有这样的地方。

那么国家公园呢？那里不正是前面所指的一片连着一片的广袤无垠的区域吗？不错，然而这一片尚未受到人类干涉的自然保留地在大自然里所占的比例还是太小了。在大部分自然保护区里，就连狼群这么一个单一的种群都得不到最基本的生存保障，就更别提研究大自然是如何运作的了。再说，即使是黄石国家公园，都经常会有人对自然频繁干预。在一些德国的国家公园里，更是有人肆意乱砍滥伐，这样的现象比发生在普通经济林区还要严重得多，那些责任人将那些被肆意砍伐的区域称为“开发区”，即使起初的意图是好的，但最终自然区还是会沦落为工业区。

* * *

只有当人们彻底收手，任由大自然的万物自生自灭，才有可能出现惊喜。这样做的方法便是，小心谨慎地帮助那些被四处放逐的物种重新回到原来活动的地方，或者反过来协助那些原本不属于这里的物种离开。既然在这里做不到彻底放手，我们就只能借鉴那些地球上其他地方发生的成功事例，比如美国国家公园。

这一回的主角换成了鱼群，确切地说，是美国湖鳟的同类（后文中会详细提到它们的学名）。它们的家园在美国和加拿大（比如五大湖），那里鱼的数量急剧下降乃至濒危。现如今出现了复杂的饲养程序，来促进野生鱼的数量增长。然而这类鳟鱼并非在所有地方都受到濒危的威胁，甚至在有些地方它们自己反倒成了对其他鱼类的一种威胁。也不知到底是因为一些渔民有意想要扩大当地的养鱼种类，还是因为人们对自然保护概念理解错误，在大约三十年前，这种鱼突然在黄石湖里出现了。

假如这一生态系统并未被其他物种所占领，那么基本上也没有什么问题，这里所说的其他物种即为割喉鳟。它们的名字来源于它们血红色的下颌，当然更深一层意思是它们真的具有攻击性。这些新来的鱼为了争取生活空间，排挤一些原本属于这里的小鱼——为了达到目的当然不仅仅只做了这些。令人惊讶的是，过了几年，连公园里的鹿也在这场空间的竞争中受到了伤害。

那么，单单只吃草的鹿，怎么会和鱼扯上关系呢？这次又是一个中间环节解答了这一疑惑——灰熊，它们酷爱割喉鳟，但这种鱼在附近非常罕见。大部分鱼在小溪里产卵，这样很轻易被其他动物捕获，而那些割喉鳟则表现得恰恰相反：它们朝着清澈见底的河水鸣叫，然后把它们的鱼卵沉到水底——那里不会有灰熊靠近，这样熊就只能饿着肚子转而寻找其他猎物。而到了岸上，灰熊再想觅到猎物就有些难度了。所以如今，越来越多的小牛和鹿被熊盯上，它们在牢牢攥紧的熊爪里一命呜呼。就这样，鹿的数量明显下降了。

这是不是一件值得欢呼的事情呢？我们当时欢迎狼群的回归，不正是出于同样的理由？割喉鳟所做的也没什么两样，使泛滥的鹿群数量减了下来，但是这因果关系完全不是那么简单。与狼不同的是，熊不喜欢猎捕年老的猎物，而是选取一些强壮的新生代，这使得鹿群的年龄结构发生了巨大的改变。换句话说：鹿群日益老龄化，这就加速了鹿的数量的下降，这对树木是件好事，对鹿群本身却是件坏事。

这个故事再次清楚地验证了：生态系统极其多元化，其间发生的变化也从来不会只涉及一个物种。或许影响最大的因素不是狼，而是鱼和熊的组合？大自然这块巨大的机械表终究还是拥有很多齿轮的，要比我们至今所知晓的更多。

而至于鱼群：它们以某种方式介入了森林的齿轮系统，因此它们将被单独放到下一章来细细讲述。

第二章

鲑鱼的洄游

How salmon migrate into the trees

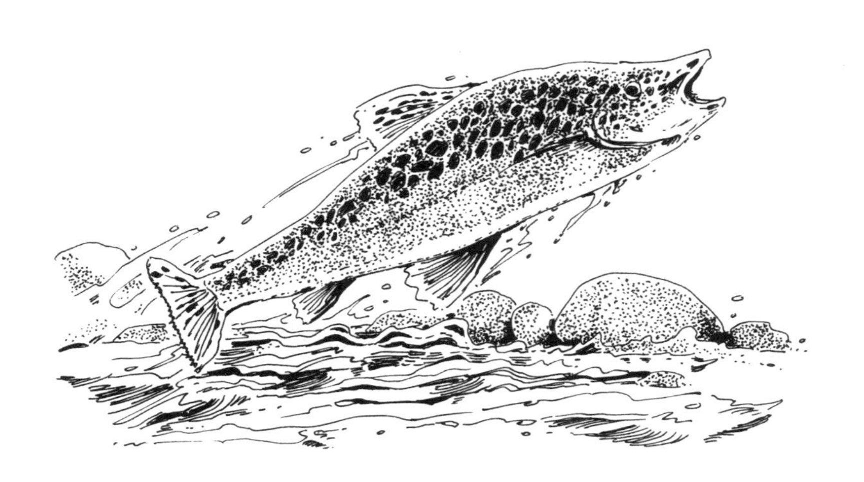

鲑鱼千辛万苦地向上游迁移，
只为在那里产下它们的第一批，
也是最后一批爱的结晶——它们的下一代，
并且最终在那里结束自己的生命。

一个生态系统的复杂程度，是由树木与鱼类之间的关系体现出来的。尤其在那些土地非常贫瘠的区域，树木的增长完全依赖于那些灵活的水生物。

对一片水域来说，鱼类扮演着非常重要的角色，因为它们决定了水中营养物质的分配。鲑鱼在幼鱼时期迁徙入海并在海中逗留 2 至 4 年。在这段时期里，它们在海中获取食物并得以生存，更为重要的是，在那里它们的身长和体重都将得到快速增长。

在北美太平洋沿岸，分布着种类繁多的鲑鱼，其中体形最大的是帝王鲑。它们过了幼鱼期后进入海洋，在这里可以长至 1.5 米长，30 千克重。在广阔海洋的培养和磨炼中，它们获得的不仅仅是强健的肌肉，还有大量的脂肪。而这些对它们完成那段返回出生流域的艰辛洄游来说，是必不可少的。洄游途中它们艰难地逆流而上，长途跋涉，跨越数百公里以及无数的瀑布。在它们的身体中蕴涵着丰富的高浓度氮磷化合物，当然，鱼儿本身对此并不关心。它们千辛万苦地向上游迁移，只为在那里产下它们的第一批，也是最后一批爱的结晶——它们的下一代，并且最终在那里结束自己的生命。在鲑鱼洄游的过程中，它们身上部分皮肤的颜色会从金属银色转变为红色，而且因为它们不再进食，所以体重也会变轻，体内的脂肪含量也会持续减少。在筋疲力尽直至死亡之前，它们用最后的气力，在它们出生的水域上演着爱的一幕。

对于森林和居住在此的居民来说，鱼儿的迁徙意味着丰收季节的到来。而享受丰收的动物们会沿着河岸饥饿地排成一排：它们是熊，具体地说，是分布在北美太平洋沿岸的灰熊与黑熊。它们在水流湍急处捕捉逆流而上的鲑鱼，并借助此等美味来获得一身厚重的冬膘。取决于被捕捉的位置与迁徙时间的不同，一部分的鲑鱼在被捉到时已经有些瘦弱了。起初，熊还会吃掉大部分的猎物，后来它们变得更加挑剔。那些已经筋疲力尽，卡路里和脂肪含量都较少的鲑鱼，虽然依旧会被捕捉，但基本不会被吃掉。而这对于其他种类的动物来说，却是个可以填饱肚子的好机会。比如水貂、狐狸、鹰以及不计其数的昆虫，它们常常会攫取那些腐烂的鱼的尸体，并把它们拖拽进自己的领地慢慢享用。

用餐时间过后，一部分鲑鱼的残骸会被遗留下来，并直接滋养大地。更多的氮元素会通过动物的粪便排出，并随着粪便的进一步分解而被释放出来。与此同时，一定数量的氮元素会顺着河流进入森林。斯科特·根得与托马斯·奎因两位学者曾在一份名为《科学谱》的杂志上发表文章，文中阐述道:“通过细分子研究表明，海岸附近的植物中有近70%的氮元素来源于大海，或者说来源于鲑鱼。”再根据树木的增长情况，他们的观点被进一步证实了，即在这片沿海区域，北美云杉的增长速度是那些缺乏鱼类作为养料区域的三倍。而某些树中超过80%的氮元素会重新回归鱼类。人们是如何了解得如此详细的？答案就是氮的同位素^{15}N，一种几乎只能在大海中——或者说在鱼类中找到的同位素。所以凭借植物中这种分子的痕迹，就能推断出氮元素的来源，而这来源就是鲑鱼。

当然，也不能说所有重要的营养物质都会被保留在土地里一成不变。如果有一天，所有的东西都被吃光并消化完，然后作为排泄物落在地上，最终渗入泥土，而树木会等候在此，用它的根须贪婪地汲取这些养料。此外，菌类也会给树木提供帮助，它们会像细棉花一样包裹住纤细的流汁状营养物质，这样可以帮助树根将数倍的营养物质向上输送。直到有一天，树叶飘落，原始森林消亡后，树干慢慢腐朽。在微生物大军干净利落地分解一切后，营养物质会转移到下一批树上，而这批新树又能从土地里汲取这些免费的“灵丹妙药”。当然，不是所有的营养物质都会被拦截在这道精细的屏障内，部分营养物质不可避免地经水流被带入河流，然后再被冲入大海。而在大海中已有不计其数的微生物正焦急地等待着这批装满养料的“货物”。

在日本发生过一件令人印象深刻的事情，足以说明树木的馈赠对于海洋有多重要。来自北海道大学的海洋化学家松永克彦在研究中发现，树木落叶中的酸会随着小溪与河流流入大海。在海洋中这些酸可以促进浮游生物的生长，而浮游生物是营养链中第一个也是最重要的环节。那么是否可以通过植树造林获取更多的鱼类资源呢？于是研究人员建议当地的渔业公司，在沿海与沿河地带种植树木。结果正如研究人员所料：繁茂的树木使更多的树叶落入水中，最终带来了鱼类与贝类产量的提升。

* * *

现在我们再说回鲑鱼，这种给北美云杉和美洲西北部森林的其他树种提供养分的鱼类。鲑鱼营养的间接受益者不仅仅是树木，还有那些以食腐动物（之前提到过的，比如狐狸、鸟类和昆虫）作为捕食对象的动物。我们再来看看在这种关系中昆虫的情况如何。维多利亚大学的汤姆·赖曼辛博士研究发现，在某些昆虫样品中高达50%的氮元素来自鱼类。由于营养物质丰富，昆虫以及植物种类的多样性会沿着鲑鱼活动的流域呈现一个明显递增的趋势。当然，鸟类也同样从中获益。

赖曼辛博士和他的团队曾经从一批老树中取出一些树芯。它们的年轮像一份历史档案，反映出了一棵树一生的经历。在干旱的年份树木年轮会生得较窄，而在多雨的年份年轮则较宽。当然，通过年轮也能读出这棵树曾经所处的营养环境。由此也可以发现，早期鱼类资源的丰富程度同树中发现的氮的特殊同位素 ^{15}N 的数量之间有某种联系，继而通过这棵树得出当年鲑鱼蕴藏量的信息。这个蕴藏量在过去的100年间明显缩减，很多北美河流里的鲑鱼已经绝迹了。

这段历史与我们欧洲的森林有关系吗？只要回顾一下欧洲很久之前的自然环境，就能明白关系非常大。很久之前，欧洲的河流也曾经满是鲑鱼，而且我们德国这里也曾有过棕熊。但是很遗憾，那段时期的树木未能被保留至今。欧洲的森林在中世纪就已经被大量砍伐或者过度使用，以至于所有古老树木都已经消失，所以对那个时代的氮元素研究也就无从谈起。如今，生长在德国的山毛榉、橡树、云杉或松树的平均树龄都低于80年。而早在这些树木生长之前，德国就已经看不到熊了，也没有可观的鲑鱼蕴藏量，以至于我们现在的木材中，已经基本找不到 ^{15}N 的分子了。那么我们德国的森林在更早之前究竟是什么样的呢？如果要探寻答案，还有一个方法是可行的，就是研究那些非常古老的木结构房屋的木梁，但据我所知，还没有人做过此类研究。

有一点可以绝对肯定，我们德国这里也曾经有过很多鲑鱼，这点也可以通过以前一些“严格的规定”来证实。例如，在很久之前，是不允许家庭主妇一周超过三次把鲑鱼端上餐桌的。

在我们德国这里出现最多的要数大西洋鲑，它们发源于此，并从各地洄游回来。目前我们在环境保护方面，特别是在水域的污染治理方面，取得了一定的成绩。我小时候在莱茵河附近长大，令我记忆犹新的是，我父母一直不允许我在水中玩耍。那时的水质非常差，只有很少种类的鱼能够在这种由化工厂废水组成的“鸡尾酒”中存活下来。在 20 世纪 80 年代，人们开始慢慢采取一些保护措施。然而在 1988 年曾出过一次小小的丑闻，即当时的联邦德国环境部长克劳斯·特普弗跳入莱茵河并横游过河。因为他在 3 年前曾经断言过：得益于新的环境政策，莱茵河水域的质量将得到大力改善，人们完全可以在里面游泳了。但是当时《明镜》杂志讽刺道：“这位部长带着通红的双眼，从褐色的潮水中上了岸。”——很明显当时的水完全没有那么干净。

幸运的是，水污染情况已经得到改善——莱茵河在这之后变得非常干净，甚至在河岸上重新修建了泳滩。而鲑鱼也在这条河中重新找回了舒适的感觉。然而问题依旧存在，而且很严重，那就是成年鲑鱼总会游回它们幼鱼时期所处的河流产卵，而当一种鱼在一片水域中已经灭绝过一次，那么它们基本不会再在该水域出现——因为所有成年的鱼都是在别的地方出生的。

于是一些积极的环保组织会在合适的水域放生几十万鲑鱼苗。但是要找到合适的水域并不简单，因为水力发电站与水坝遍布在洄游路线上。当这些辛苦培育出的小鱼想要游向大海时，某些涡轮发电机却把它们加工成了寿司。而在它们从大海往回游的途中，要跨越水坝上的“鱼阶梯”。在鱼阶梯上会有水沿着一级级台阶或者一级级水洼流下，以模仿可以让鱼儿做腾跃的激流。

在我负责的林区里也有一条小溪因为鲑鱼的缘故，以很高的费用被改造了。那里有一座用于拦截阿姆斯溪的老旧水坝。这条不足四米宽的小溪，用其名字见证了上几代人的生活水平（译者注：这条小溪的名字，在德语中意思为贫穷的小溪）。后来他们建起堤坝，利用水力，改善了研磨谷物的方法，鱼池也得到了新鲜水的供给，但是阿姆斯溪也因此被封闭起来。不仅仅是鲑鱼，很多其他物种，小到甲壳类的，都由于水坝的阻挡而无法自由迁徙。当水里的生物只能被冲到下游，而不能返回上游时，那么总有一天水坝上游水域里将不会再有大型水生物。如今这个水坝已经一点点被拆除，而鱼儿又能再次一路向上回到它们祖先的产卵地——这是开启希望之门的一次巨大成功。而且确实已经有人发现一批又一批的成年鲑鱼，在海中生活数年后重新回到这里，并在此产卵。以此为开端，就有了第一代真正在自由环境下出生的野生鲑鱼。

＊＊＊

鲑鱼已经回来了，但是很遗憾熊还没有。在两岸边有着无数大城市的莱茵河，目前情况还比较棘手，而在农村区域情况就好很多。当然，将鱼类的养分带入土地的并非一定要是熊。是不是也能通过那些以鱼类为食的鸟类，比如鸬鹚，来完成这一任务呢？它们也曾经一度濒临灭绝，之后是通过严厉的法律保护，才得以重新回到中欧的各条河流中。从 20 世纪 90 年代起，我又经常可以在莱茵河和阿尔河中看到它们的身影。阿尔河是一条小的支流，起源于我的家乡许梅尔附近，最终汇入阿姆斯溪。

说到鸬鹚，它们是一群出色的潜水者，善于在水下捕猎。它们填饱了肚子后，会在岸边森林的树冠上饱饱地打个愉快的盹儿，同时粪块会一个接一个地落下，当然其中也饱含珍贵的氮元素。这对树木是好是坏，取决于鸟类的数量——短时间内出现过量氮元素也会对树木造成损伤。在萨尔河的横谷附近，人们曾经在河岸边种植了一片黄杉林，那是一种人工培育的北美树林（黄杉起源于北美太平洋沿岸）。在那里有一个非常大的鸬鹚聚居地。它们遗留下来大量粪便，腐蚀性极强，以至于一部分黄杉树树冠已经死亡。这让当地的森林持有人非常生气。

当然，这并不是鸟类变得如此不受欢迎的最重要原因。少部分鲑鱼，得益于休渔的保护，可以再一次对抗激流，逆流而上，却经常在到达它们产卵水域之前就被鸬鹚捕杀。那现在该怎么办呢？这等同于又多出一个天然的营养循环系统，而且必定与人类的喜好相冲突。我可以理解，没有人愿意袖手旁观，任由鸟类的威胁毁掉所有的心血。但人类真的有必要为此而立刻举起长枪吗？

事实上这样的一幕恰恰发生在上文提及的阿尔河流域内，而且在各个协会的一片欢呼声中，这种以“为了鲑鱼”为由的猎杀行为，正愈演愈烈。这难道真的完全是为了保护自然环境？阿尔河流联合会（ARGE Ahr e.V.）在它网站主页上明确宣布，以这种受欧洲法律严格保护的鸟类为目标的狩猎行为，在一种特殊条件下是被允许的，即为了避免渔业的经济损失。让我们简要地看一下条例：狩猎成员只允许是渔民、渔业水域的出租人与承租人。很遗憾，这样的条款给协会的工作带来了一丝怪异的味道，尽管他们的初衷对于鲑鱼来说是好的。

* * *

整个地球上（当然也包括整个中欧）位于人口密集区周边的森林，真的还需要来自大自然的氮养料吗？在过去的几十年间，对于树木而言，一个另类的氮来源已经慢慢形成，且演变成真正的“洪流”。而这“洪流”与大自然没有任何关系。与北美地区纯净的空气截然不同，欧洲这里的空气就好比是一碗浊汤。这“浊”并不是视觉意义上的，而是指内含的污染物质。或者我们需要一个更婉转的说法:“营养物质”？交通活动所产生的尾气和农业活动使用的粪雨（译者注：一种施肥方法，即给土地喷洒粪便），源源不断地给植物提供营养，已经超出了它们所能接受的范围。

空气中自然存在的氮元素是非常丰富的——就在您阅读这几行字的同时，已经呼入呼出了大量的氮。空气中对于我们极其重要的氧气，含量只占21%，而氮气的含量接近78%。所以严格意义上来说，假设把不需要的气体排除在外，您的每一次呼吸运动的四分之三都是在做无用功。但是这并不意味着氮元素对于您不重要，恰恰相反：您的身体中，大约携带着2千克氮元素，它们存在于蛋白质、氨基酸，以及其他营养物质中。

在这点上植物与人类区别不大——虽然植物的呼吸运动不需要氮气，但植物真正对氮感兴趣的，是一些以氮元素为重要组成部分的特殊化合物。这些化合物有很强的活性，可以用于生成蛋白质和遗传物质，可惜它们在自然界中含量极少。如果一棵树不是那么幸运地生长在有鲑鱼的水域边，那么它就要面临营养问题了。只能是路过的动物遗留下一些粪便，或者动物本身的尸体在它根系附近腐烂，这样树才能有些养料。

此外，闪电在这方面也能帮一部分忙。其巨大的能量可以将空气成分中的氮转化为氮氧化合物。和许多其他种类的植物一样，有些树木也能进化出相应的能力，通过特殊根结中的细菌将空气中的氮气转化为可吸收的形态。桤木就有这种制造养料的能力。然而，大部分其他种类的树木不具备这种能力，只能吸收动物排泄物中的养分。

总而言之，在自然界中，可利用的氮化合物弥足珍贵。但是后来，人类来了。我们用现代化的内燃机械，比如汽车或者暖气设备，做着与闪电一样的工作：内燃机械在燃烧燃料的过程中，生成大量的附属产物——氮氧化合物。这些物质以废气的形式随风四处飘散，然后随雨水被冲入大地。此外在农业中，为了迫使土地达到最高产量，高氮的人工肥料也被大范围使用。由于人类活动而释放出的氮类化合物的总量十分惊人：全球有接近 2 亿吨通过降雨进入土地的氮类化合物，相当于全世界公民平均每人产生 27 千克，而在工业城市这个数值接近 100 千克。

这听起来是不是挺少？那么让我们再次把目光投回到鲑鱼

以及它所携带的营养量上。一条成年雄性鲑鱼体内平均含130克氮元素。如果把欧洲人每人每年的氮排放量用鲑鱼来计算，相当于750条鲑鱼。再按每平方公里230位居民计算，相当于一平方公里内有172 500条鲑鱼。显然，这样的数量对于自然循环系统来说，完全负担不起。汽车尾气、农家肥以及化肥的供氮效果与这172 500条鲑鱼基本相同，只是看不见而已，最多也就是在饮用水的硝酸盐含量突然增高时，能让人察觉到不舒服。

其实对于这种状况树木早有察觉，森林管理者也一样，因为他们种植的保护林，生长速度从几十年前开始就明显高于常规。森林也因此出产了更多木材，木材产量也要基于新的标准计算。这个标准，即所谓的木材产量表，是用于说明什么树种，在什么树龄时生长速度如何，而这一标准需要向上调整30%。

这是一个好消息吗？不，恰恰相反。从自然生长角度来说，树木完全不想快速生长。在它们生命中的第一个200年里，一片原始森林中的幼树通常需要在它母树的树荫庇护下忍耐，挣扎着增长仅仅数米的高度，但却能磨炼出不可思议的坚韧木质。而在我们目前的现代化经济林中，幼树失去了父辈树荫的保护伞和抑制作用，即使没有氮营养的补给也能快速达到它在更高树龄时才应有的高度。然而它们细胞的大小也明显高于正常值，其中还含有大量的空气。因此，面对那些同样需要呼吸的菌类时，它们变得弱不禁风。那些生长速度快的树木，腐烂速度也快，因此无法变老。而这一趋势，会因为来自空气的营养物质而变本加厉——这就好比一个已经打了兴奋剂的极限运动员，又得到了额外的能量刺激。

幸运的是，在我们所处的环境中，这种过高的氮营养负担还不算是一个长期的问题——前提是如果我们能够成功阻止尾气对环境造成的营养叠加。在土地中，存在着大量细菌，它们一如既往地如获至宝般吸取那些有害的氮氧化合物。它们会将分子拆解成基本元素，以此，气态的氮能够从土壤中渗出并回到它最初的源头——大气中。而另外一部分氮则会随着雨水的冲刷进入地下水，破坏我们最重要的饮用水。可以肯定的是，只要我们减少对生态系统的干预与侵犯，大自然的钟摆还是可以再一次摆动起来的。而鲑鱼和熊也会在不久的将来慢慢地重新回归。

然而至此所提及的因果关系，只是在沿河地带起到了决定性作用，而另一股自然的力量却游走于整个地面。它促成山脉形成，重塑山谷与河滩，就像一部巨大的机器，对环境进行再分配，它就是——水。

第三章

咖啡杯里的动物

Animals in the coffee cup

地下水为甲壳类动物和其他微生物
提供了极其富足的生存空间。
这些微生物盲目地在黑暗的河流里穿行，
可能也曾通过饮用水进入到您的早餐咖啡里。

水不仅可以通过洄游的鱼将营养物质带给森林，而且还可以将一定数量的营养从那里带出。这源于水的特性和重力作用：水往低处流——一个众所周知的原理。这一看似乏味的过程，却影响着一些比较重要的东西，比如，整个自然生态系统。

首先请将我们的目光投向过去。这个星球上所有的生命体都需要营养素，比如矿物元素和氮磷化合物。这些营养素决定了植物生长的强度，进而影响到所有动物的生存。这里提到的动物指的不再只是鱼，而是也包含我们人类自己。人类是如何参与到这个生物循环中的，我们的祖先给出了最好的范例：首先人们为了获取居住所需的场地与建筑材料，把树林都砍伐殆尽，随后农民们在这片空旷的土地上开始农业耕作。

起初一切都还正常运作，因为每平方公里的土地上，有数万吨的二氧化碳以腐殖质的形式保存了下来。然而之后因为没有了树荫的庇护，土壤变得很热，地底深处的细菌与真菌也变得活跃起来，这些棕黑色软绵绵的腐殖质开始慢慢分解。二氧化碳以及连带的养料一起被释放出来，就出现了一种过度施肥的效果，然而那时的人们还很渴望出现这样的效果：如此丰盈的农作物产量赶走了饥荒，带来了旷日持久的黄金年代。直到有一天土地的耕种能力慢慢消减，而那时还没有综合肥料，那些少得可怜的牲畜粪便完全不够用，所以最后田地还是变贫瘠了。

然而在这种贫瘠的土地上要长出草来还是没有问题的，因此这片贫瘠的草地又被当作牧场使用。但是，从牲畜身上产生的养料最终还是会转移到别处，因为人们不会把被屠宰的牲畜留在牧场，而是带回家去食用。由于缺乏了生物养料，于是土地变得愈发干裂，那些牛羊不吃的植物，比如欧石楠和刺柏，占地数量越来越多。最后剩下一片被彻底毁掉了的耕地，上面几乎什么都种不出来。如今，我们在夏天看到大批羊群穿越这片刺柏和石楠的时候，会觉得这样的草原很浪漫。然而我们的祖先与我们恰恰相反，他们认为繁茂的石楠树是贫穷的象征。

当人造化肥被发明出来后，人们可以尽情地在那些贫瘠的土地上播撒营养素，于是许多石楠地开始有些经济价值。而剩下的一小片没有经济价值的地，如今被圈起来当作自然保护区，当然这是题外话了。我们先辈所做的，无异于进行了一场快进模式下的大规模试验：他们加速了正常的养料释放，然后很不情愿地证明土地失去养料补给后所带来的严重后果。

我当然不愿意回到那个没有化肥的年代，因为那将意味着，我们自身又要参与到生物循环里。我的父亲所经历过的，很好地解释了这意味着什么。在战后那几年，父亲一家照顾着一个蔬果园，那是家中食物的重要来源。那时候很少有化肥，所以家里粪坑里的粪便就会被拿来浇灌菜圃，随后大头菜和黄瓜会吸收那些粪便中的养料，最后被摆放到餐桌上，同时出现的还有一个意想不到的附赠品：肠虫。它们同那些天然的营养素一起，一路扭动着，从厕所到菜园，再到饭桌。然而，就算是这种令人倒胃口的回收利用，也难以避免这类营养循环最终走向枯竭。

* * *

至此我们再说回到水。水是一种溶剂，许多重要的物质都能溶解在水里，再被植物的根系所吸收。虽然水把各种营养素带离地面，但只要植物死后再被细菌和真菌分解成各种元素，这些营养素就还能重新回到地里，至少这是最简化的水循环理论。通常情况下，雨水会渗透到地表以下很深的层面，直到抵达地下水。而水在向下至深处的途中，携带了所有的优质物质，并将这些营养物质留给了树及同类植物。另外液体肥料也同水一样，经常被大量喷洒到草地和田野中，然后带着大量细菌，抵达好几层楼高的地下水库深处，最后出现在我们最重要的食物中。这也解释了为什么我们的饮用水越来越频繁地需要用氯气来消毒。

站在自然的角度，水这种向下输送养分的特性对我们脚底下的这个生态系统至关重要。在地底深处，也存在着无数的物种，它们依靠地面上的生物排出的残留物而存活。

然而，在我们最终得出结论之前，我还是想先提一下水的破坏力。因为雨水并不总是一点点缓慢地渗入松软的地表，继而储存为地下水的，当猛烈的暴雨降临时，雨水会灌满土壤中的空隙，使这天然的排水渠道因积水过满而外溢。一旦土壤已经达到饱和，只要再下一场大雨，随后就有一些褐色的污水流入附近的小溪，同时带走许多有机物质。所以，如果您在散步的时候恰巧遇到坏天气了，那么您便能观察到这样的现象：草地和田野上的排水沟里的水变得浑浊，这正说明部分泥土被水带走了——这些珍贵的泥土很快就会一去不返，过不了多久土壤就可能变得越来越疏松。

当然那也只是可能。实际上幸运的是，大自然恰恰为了阻止上述情况发生，做出了相反的调节。对此森林首担重任，在一场大雨过后，雨水首先附着在树冠上，然后慢慢地滴到土壤里，这样降雨的速度就得到了减缓。正如一句老话所说：森林里总要下两次雨。树叶的作用就好像刹车片一样，让倾盆而下的雨水缓慢又均匀地抵达地面，使得地面能充分接收雨水。而树干上那些松软的苔藓和老旧的树皮也做出了一些贡献，它们可以拦截过量的雨水。那些苔藓就像绿色的软垫，可以储存相当于自身好几倍重量的水，这些水最后再慢慢地全部流向周围的土地。经过这样的过程，土壤侵蚀就几乎不会出现，所以大部分古老的森林土壤都十分松软而深厚，就好比一块巨大的海绵，可以吸收并储存大量的水。完好的森林可以为自身修建一座蓄水池，并维护好它的蓄水功能。

如果没了树木，这样的状况将发生彻底改变。相比之下草原还可以对暴雨稍微起到缓冲的作用，但是田地就完全没法对抗重重摔打下来的雨点，大雨破坏了适合耕作的土壤结构，土地向下排水的缝隙也被泥浆堵塞。庄稼地上只有短短几个月覆盖着一些农作物，比如玉米、土豆或萝卜，而在其他时间，大片庄稼地完全暴露在糟糕的天气下，得不到任何保护——这是一种大自然始料未及的状态。于是，当一阵暴雨噼里啪啦打在地上时，水不再渗入地下，而是留在表面变成了洪水。

说是“洪水”并不夸张：一片厚厚的乌云可以在每平方公里降下 3 万立方米的雨水——而且发生在短短几分钟内。如果任意一个环节没有遵循大自然应有的轨迹，或者更具体地说，如果没有植物来放缓雨水渗入地表空隙的速度，那么大雨就会迅速在地表留下一条条深沟，慢慢形成涌动的溪流。此外，地势越陡峭，水流速度越快，就会有越多土地被侵蚀，而2%的坡度就足以让我们措手不及，并且带来巨大的损失。

您是否曾经问过自己，为什么考古发现的宝物都是从地底下挖出来的？其实它们理应存在于地面上，充其量只是上面长满草和灌木。还有，为什么山脉不会一直变高？因为山的形成是大陆板块互相撞击的结果，正是这种自然界的“事故”让它拔地而起——就是这样的形成过程，决定了已经矗立起来的山不会再接着变高。

一方面山不会持续长高，另一方面现今发现的古罗马时代的钱币都深埋在地底下，而这两个不同方面的事实却具有相同的原因：土壤侵蚀。陆地的海拔比海洋高，这又是一个众所周知的事实，而依靠乌云，陆地能持久得到水的供给。这些水向下流去，直到某一天再次回到海洋这片发源地。在这个过程中，水总会带走一些土，再不知不觉地冲走一些山上的沙子，而地势越陡峭，水流得越快，这一过程也越剧烈。然而，并非普通的陆地降雨和潺潺流淌的小溪形成了我们现在的地貌，而是一些极端的天气状况。比如要是下了一整个礼拜倾盆大雨，河流发了大水，那么山脉就要遭殃了。大水可以动摇山石，带走很多泥土，以至于洪水变成了淡褐色，而且相当浑浊。这便是土壤侵蚀的形成过程以及带来的后果。

而当大雨过后，河流又重新恢复平静，到处可见新的河岸——都是之前的斜坡被雨水猛烈冲击后形成的。当积水重新流回它原有的河床时，山谷里的残留物会形成一层薄薄的泥土层。泥土由灰尘和水组成，灰尘又包含了细小的沙化的石头，最终这些小碎石慢慢地在原来的山谷里形成一块山石。山谷还依靠那些褐色的洪水得到肥料，尼罗河就是最好的例子。因为物产丰富的河岸带来了欣欣向荣的农业，所以古埃及文化才得以发展，食物充足了，也就意味着人们可以把大量的时间投入到其他事情中。

* * *

现在让我们重新回到森林。有人欢喜有人忧，这回轮到树木发愁了，它们从山底到山顶成倍地增长，在山顶，它们也同样需要充足的养料且宽阔的土地。然而地势越高，山坡就越陡，土地侵蚀也就越厉害。所以高坡上的树不如坡底下的树长得高。尽管如此，它们还是能够牢牢抓住周围每一寸土地，顶着自然的压力向上生长。地面每降低 1 毫米，就意味着每平方公里上失去了 1000 吨土。按照中欧农用地平均每年每平方公里失去 200 吨土来计算，100 年后地面将降低 2 厘米。

极端情况下，100 年内也可能有 50 厘米厚的土壤消失。在我负责的林区里就可以观察到长期的土壤流失对森林造成的后果。我负责的林区里有一座小山，一侧山坡上有一片山毛榉林，即使是最陡的一段山坡，也有两米厚的结实的土壤层。我之所以了解得那么清楚，是因为那里被规划成一片“永恒森林”，即一片用来保护古树和安葬用的林子。但那里可否向下挖掘用于安葬，确切地说：骨灰盒到底能不能被埋放到80厘米深的地底下，必须经过官方调查。于是，某个地理学家受委托来调查此事，得出了令我们非常惊讶的结论，他的解释是：“这片森林肯定在这里矗立很长一段时间了”，大约4000年前这些山毛榉树就已经在这里生根发芽了。

然而，在山的另一侧却只有一部分光秃秃的乱石，曾经厚实的土地已经消失得只剩几厘米厚。很显然这里曾在中世纪的游牧经济中被开发为草原，虽然草原的抗土壤侵蚀能力比农田要好很多，但是结果仍然致命：在过去的100年中，地面降低的总量由几毫米积攒成了几米，土地被附近的阿姆斯溪所淹埋。

现在您也该清楚，它的名字从何而来了：失去了土壤层和腐殖层，曾经多产的土地逐渐变得贫瘠，饥荒接踵而来。事实上，阿姆斯溪沿岸曾经有1870人死于饥饿，人们必须用大篷车把食物从科隆运到这个村子来。那些科隆来的人常常遭遇到土匪的袭击，就像在荒野的西部所发生的那样，而这所有的一切都归根于森林被砍伐光之后的土壤侵蚀。

那么这一切可以从头来过吗？回答是可以的。即便重新恢复原样需要非常长的时间，就如同土壤慢慢被侵蚀一样久，但这仍然是一个令人欣慰的消息。我们做个假设，如果有一天，荒芜的土地重新被森林覆盖，地面也没有再下沉，那么到那个时候土壤层才真正开始重新生长。只要土壤侵蚀的速度低于新形成土地的速度，那么黄金般珍贵的土壤就会重新生成。而这土壤的源头是岩石，它们持续被风化成小颗粒，平均每年每平方公里的土地上就有 300 到 1000 吨岩石被风化，最后转化成泥土。这意味着土地厚度每年将增加 0.3 至 1 毫米，平均每百年就能增加 5 厘米。如此一来，阿姆斯山谷的乱石坡在大约一万年后能重新回到最初的样子，当时森林还未被砍伐用于人类文明——这一时间跨度相当于从上一次冰河时期直至今日。

这对您来说是不是太漫长了？然而大自然有的是时间，您只要想象一下树木的生长时间就明白了，举个例子，瑞典的达拉纳省有世界上最年久的云杉，已生长了一万年。如此看来，想要一切恢复正常，也只需要等待一代树长成的时间。

* * *

在探究自然生态系统与物种间的关联性上，我们已经环顾了陆地上的各种生物。哦不对，这样说不确切。我们是环顾了地面以上的生物，那么地面以下又有些什么呢？地球终究是个三维世界，事实上在我们脚底下的地球层面还隐藏着更广阔的生存空间。对于这一地下空间，我指的不是前面所说的两米深的耕作层，这回我想请您把视线投向更深层。最终藏至地下 3500 米深处的，是细菌、病毒以及真菌。从地面向下 500 米，每立方厘米的物质中还蕴藏着上百万的生物。在黑暗的深处，氧气不再对呼吸起任何作用，而大多数情况下养料存在于石油、天然气和煤里，这些也正是我们人类发动汽车所需要的原料。

至今，人们对那些隐秘的生态系统里的生物，研究得并不多，其中所包含的物种为人类所知晓的也寥寥无几。粗略估计，地球上大约有 10% 的生物能源分布在岩石层上。至少在地球更深处，我们可以认为，人类至今的行为还没有可能对岩石层产生影响，前提是我们放弃开采煤炭矿山和地下露天矿。

在地底下隐藏着另一个分支系统，对此我们人类已经稍有涉足：那就是地下水。那是个非常特殊的生存空间，没有任何光线可以进入其中，那里也不会有冰霜。随着深度的增加，地底下的环境会从舒适温暖变得非常炎热，而且也很少再有养料存在于地下水中。当然在气候转变的时期，这就成了一个优势——在地底下几乎不会发生任何改变。尽管我们的脚底下是一片养料贫瘠的空间，但是在那里还是进行着一些生机勃勃的活动。好吧，或许那里并没有那么生机勃勃，因为至少在距离地面较近的层面里，一部分空间的温度远远低于 10 摄氏度，并不十分温暖，再加上缺乏养料供给，这也使得生物活动变得非常缓慢。在 30 至 40 米深的地下，温度徘徊在 11 至 12 摄氏度，再向下的话，每下降 100 米温度增加 3 摄氏度。

然而，那种所谓的地下越热生命体越活跃的说法，纯粹是骗人的理论。世界上活动最缓慢的生物，竟然是一种分裂繁殖的生物——细菌。许多同类别的细菌以惊人的速度繁殖（比如在我们的肠子里，有些细菌可以每 20 分钟就分裂一次，即成倍繁殖），而那些一千米深处的其他菌类，分裂的速度却极慢。正如《明镜周刊》报道过的，在一次美国地理学联合会举办的大会上，有人曾提到，有些菌类需要 500 年来完成一次细胞分裂。经历那么长的时间，不再有任何食物会变质，也不再有任何细菌导致的疾病会爆发，因为宿主（即我们人类）早在那些微小生物开始工作之前就已经死亡了。菌类的细胞分裂速度那么慢，是由它所处的不舒适的环境导致的。在地底下，高压与高温统治了一切。至今所保持的记录显示，微生物能在超过 120 摄氏度下存活，且依然能完成细胞分裂——当然是以它们自己的速度。

在这深埋地下的王国里，打眼一看，几个世纪以来几乎一成不变，但是事实并非完全如此，因为地下的世界都淹没在水里。只要一下大雨，就有水持续地从地球表面向下渗入，至少在我们所居住的范围内是如此，每年从天上降下来的雨水要多过重新蒸发掉的水分。假如情况反之，那么我们已经重新回到沙漠地带了，但是在德国有些州就出现了假设中的这种情况。让我们来看一些清楚明了的数据：在整个德国，每平方米的土地上，平均每年有481升水向外蒸发！在勃兰登堡周边的一些地方几乎没有降雨，这意味着，那里的地下水得不到足够的补充。当气候发生变化时，水分蒸发的速度更快，以至于地下水的补给被完全切断。然而这补给对于地下水不可或缺，因为还有其他地方会不断地消耗地下水。

地下水通过地表的“伤口”流出，就形成了泉。那些令我们欢欣愉悦的自然奇观，对其他某一种或者很多种生物来说绝对是个灾难。生活在岩石层里的甲壳类动物和蠕虫，会被这些地底下的水流突然冲到阳光底下，由于环境的突然改变它们很快就会死亡。此外，您也可以在冬天特别明显地观察到这种地下水外流的景象——它们的出水口位置不会结冰。地下水保持着10摄氏度左右的恒温，当周围全都凝固成冰霜时，这温度还需要一定时间降至周围冷空气的温度。在零下十几摄氏度的天气里还能看到微微流动的水，就足以证明那就是真正的地下水。

重新说回物种的丰富性。最新研究表明，地下水为甲壳类动物和其他微生物提供了极其富足的生存空间。这些微生物盲目地在黑暗的河流里穿行，可能也曾通过饮用水进入到您的早餐咖啡里。大部分的净水设备将地下水从地底深处泵上来，使得原本密不透风的生存空间被凿开了一个缺口。

难道有了自来水厂极其复杂的滤水装置，咖啡里还会出现小生物吗？不错，即使滤水装置再密不透风，还是会有一些愚笨的小生物，比如不足两厘米的栉水虱，越过那些污水处理装置，游到水管里愉快地生存。最终，这么一根在您地下室里的水管，也不外乎成了地下水层的延伸——这里也同样黑暗、凉爽而且洁净。最迟您也会在拧开冷水龙头的时候发觉到这一点——那原本就是地下水的温度。在拧开水龙头的那一刻，可能就会有个小东西失去平衡被水冲下来，它有可能兜兜转转最后还是掉落到咖啡杯里，继而进到您的胃里。然而栉水虱并不是管道系统里唯一的生物；很多类似的寄生者比它们更小，比如一些细菌。细菌可以在管道的内壁结出一层浓密的绒毛，并将管道内金属完全覆盖，所以在我们吞下的每一口水里，都会有它们的痕迹。

当然您还可以更仔细地往咖啡杯里看——但是您并不能发现大部分的不速之客（除了像栉水虱这样的大家伙），至少没有显微镜肯定发现不了。没有了光线，眼睛以及身体的颜色都没有任何意义，所以地下水里的生物通常都是瞎子，而且身体都是半透明的白色。没有光线还带来了另外一个问题：没有太阳就进行不了光合作用，也不会有任何植物产生养料。所以地球深处的微生物大军都依靠地球表面的施舍而存活。这里的施舍指的是动植物的生物质腐烂后变成腐殖质，然后随着雨水的渗透慢慢沉入地下深处。

在雨水下沉的途中，养料的形式发生了好几次转变，因为这里也同地球表面一样存在着食物链。大部分地下生物属于细菌群，它们到处定居，形成菌层（就像附着在水管内壁那样）。这些细菌层被最小的捕食者，如鞭毛虫和纤毛虫所吞食。幸好有了这些贪吃的小虫，要不然深层岩的孔隙总有一天会被堵住。而这些微生物也有它们的主人——太阳虫。它们稍微大一些，且有着进食它们同类动物的偏好。在地下存在着一个完整的生态系统，它几乎不为人类所知，除非我们为达成自己的目的，把它们同时也是我们的生命之源——水，从地底下泵上来。

再说回我们自己。我们清晨喝着咖啡，而那些“不长眼”的寄生物正待在里面。如果您一想到水杯中有细菌就会很反感的话，或许另外一个信息会对您有所帮助，使您放宽心：其实您自身就是那些微小生物的母体。您的身体除了有30万亿自身的细胞之外，也同时寄宿着许多细菌，大部分细菌分布在肠道里。上千种不同的细菌在您身体中闲逛，它们中的大部分对您的生命至关重要，例如它们帮助您抵抗疾病的侵扰，或帮助您消化一些难以消化的食物。既然那些微生物最终还是要从消化系统里被排出去，那么那些通过饮用水进到您体内的无害微生物真的有那么大关系吗？

* * *

森林对于地下水非常重要，重要到乃至有些自来水厂会给森林所有者很多经济上的奖赏。其实这是一种自相矛盾。首先树木本身要消耗很多水，一棵缺水的成年山毛榉在炎热的夏季，一天内就要从土壤中吸收500升水。这些水将消耗在不同的方面，其中大部分通过树叶的气孔蒸发掉了。而在消耗水这点上，草就节省得多。

不过树还是有一个优点，尤其是德国国内那种阔叶树：它们依靠斜着向上支起的树枝汇聚雨水，然后那些汇聚的雨水一路顺着树干流进树根。我有一次在一个大雨天站在一棵古老的山毛榉树下，就观察到了这样的汇聚过程（请勿效仿！）。大量的水从树皮上流淌而下，使得树干底部都冒起泡沫来，那样子就好像新开的一瓶啤酒。

树木的这种吸水性就像一块海绵，将水分渗透进松软的泥土里。即使是再猛烈的阵雨也能像这样被吸收，然后慢慢向下进入地表层内。虽然树本身会再次变干，又会重新带走一部分水分——但是终究土地相对于树的根系来说，就像一个水库，在缺水时随时能供水——况且多余的水抵达更深一层，那里不再有植物的根系向上汲取水分，因为植物的根系长不到那么深。于是那些多余的水就慢慢汇聚成了地下河流。

然而在中欧，只有到了冬天才会有地下水的补给，因为那时候植物都冬眠了。山毛榉和橡树进入休眠期，于是雨水可以跳过树木的根系，直接进入到地底深处。而在夏天，森林里原本就少雨，土壤里所有的雨水都被树贪婪地吸收进来，用于补给树干了。

这一事实，让我对气候转变的现象陷入沉思。因为气候变暖影响了许多方面：高温下的树木也和人一样需要更多水分，再加上水分由于高温蒸发得更快，所以即便没有植物吸收水分，土地也会变得更易干旱。由于植物生长期变长了，相对的休眠期就会变短，而只有在休眠期，树林进入冬眠，土地才能得到灌溉。即便存在上述这些观点，在树林底下还是会形成新的地下水——只要今后我们不因为伐木而对其造成过度破坏。

然而空旷的草地或是富饶的耕地，却没有那么大的能力来吸收水分。在过去，野生的或圈养的动物用它们的蹄子将土地表面踩实，而如今大多数人用大型机械取代它们来干这些工作，效果还更好。土壤这块海绵被挤压变形，而与居家用的海绵不同的是，它再也弹不回来了。土壤几乎不能再吸收猛烈的降雨；雨水向下流淌，越来越快地形成细流，汇入下一条小溪（小溪再汇入下一条河流，最后淡水被引入海洋）。由此当地不再有地下水储备，而这一过程也加速了土壤侵蚀。

草地和耕地的空气热度远大于森林，而这热量更容易使土壤变得干旱。与此同时，那些植物生存所需的湿气更易挥发到空气中，再被空气带走，这更加剧了土壤干旱。

现如今，对地下水最大的威胁并不是气候转变，而是为获取燃料所采用的技术，尤其是液压破碎法。此法指的是利用高压将水泵入地下，以击碎岩石的方法。掺杂着沙粒和化学制剂的混合物使缝隙保持敞开，让石油和天然气得以向上喷涌而出。显然，大自然对这种粗暴的侵犯毫无防备。大自然的特性是永远保持稳定的状态，以及绝对缓慢。人们只能希望，不是所有地区都允许这种开采方法。

此外，森林为地下水提供了最后的保护。许多甲壳类生物生存在树根底下几百米深处，而树木正是这些甲壳类生物的隐秘保护神。然而这样的关系对于另一些动物则反之，那些动物同山毛榉和橡树的关系，可以说很紧张，比如说狍子。人们甚至完全可以认为，树和狍子的关系水火不容。

第四章

为什么狍子不爱吃树

Why deer do not taste trees

狍子同森林之间存在着一种矛盾的关系：
它们不喜欢森林，却还算森林动物，
因为那里是它们最经常出没的地方。

狍子同森林之间存在着一种矛盾的关系：它们不喜欢森林，却还算森林动物，因为那里是它们最经常出没的地方。狍子有着与所有大型食草动物一样的问题：它们只能食用那些够得着的植物。而同时那些植物也会针对食草动物的猎食进行自我防御，它们最惯用的武器装备便是带刺的荆棘、毒素，或是坚硬厚实的树皮。

然而德国森林里的树木却没有进化出上述任何一项能力，难道它们的后代就要任凭动物啃食而毫无招架之力了吗？人们在环顾了森林之后，才了解到山毛榉是如何做出防御的。阔叶树底下通常空空如也，生长不出任何有营养的植物。只有那些孤零零的蕨类植物，以及在微弱的阳光下也能生长的野草才能生根发芽。直到不知哪天，这里的一棵老树倒下后，地面才会透进来一些阳光。然而这么一点点的阳光完全不足以生成大量富含糖分的营养物质，所以草本植物所含的养料普遍比耕地上的作物少，而且口感更韧，口味也更苦。

森林里除了树以外的大部分地方都无比黑暗，因为只有3% 的阳光可以穿透树冠到达地面——所以树底下通常都是黑漆漆的。当您在森林中穿行于树干之间的时候，或许并不会觉得很黑，因为那里还是有些绿色的树荫。树木通过树叶上的叶绿素将阳光、水和二氧化碳转换成糖。然而叶绿素在绿色波段上存在缺口，无法吸收绿色光，所以绿色光被反射回来，在人类看来，森林就会显得亮堂一些。可是植物就无法看到这个颜色，所有其他波段的颜色已经有 97% 被树冠吸收——所以在绿草看来，地面的确是一片漆黑。

光合作用的原理对山毛榉的幼苗同样适用，由于极少有阳光能洒落到它们细小的树叶上，它们也就获取不到多少糖分，因此它们的树枝和幼芽几乎不含什么养料。为了不因为缺乏光合作用而饿死，这些幼苗会通过树根的粘连从母树那里直接获取营养液，就像是真正意义上的哺乳。相比之下，草本植物的幼苗就得不到这样的照料，所以它们在连微弱阳光都没有的地方就无法生长。

因此这片所谓的极乐森林，在狍子看来却是这样一幅景象：在森林里只有一小部分树荫底下生长着像干木头一般的草本植物，而在其他地方就只有幼小而又苦涩的山毛榉。即便那些树叶将就着还能吃，口味却非常单一。动物同我们一样不喜欢单一的饮食，您可以想象一下，您必须一整个月天天从早到晚吃同一种食物，即便是您最爱的食物——不出几天就会觉得淡而无味了。从摄入营养的角度来说，狍子也同样会拒绝那些枯燥而单一的食物，尤其是它们必须要给自己孩子哺乳的时期。假如在森林的边缘能有条河，而充沛的阳光洒满河岸边的大地，大地上长满了富含卡路里的青草，那么情况就会好很多。不幸的是，从自然角度看，在森林覆盖的欧洲，这样的边缘地带几乎不存在，因此森林里狍子的数量本身就不多。

这也就不奇怪，为什么狍子最喜欢待在气候不稳定的区域。夏季时，当一场飓风过后，一小片年迈的山毛榉倒下，然后森林里就出现了一小片阳光。这时立马就有上述提到的可怜的动物来此定居。而阳光给它们带来很多好处，充沛的阳光意味着彻底的光合作用，阳光洒在树叶和萌芽上，使那些干涩的草本植物又能重新以美味的碳水化合物的形式展现在动物面前。就算是山毛榉的幼苗，也会因为突然毫无防备地出现在一片阳光下，而变得甘甜美味起来。而此时的森林才真正成为小狍子的一片乐土。狍子喜欢吃高能量的食物，因此它们在专业领域也被称为“浓缩物选择专家”。假如我们也像狍子那样进食，那就好比食物里只剩下快餐和巧克力，以及浓缩了的维生素。然而狍子却不用担心会变得太胖，因为从大自然的角度看，在森林里出现这种“卡路里岛”（指大部分营养集中于一处）的概率太低了。

＊＊＊

小型食草动物在遇到危险时，四处乱跑并不是明智的举动，因为无论它们怎么躲避，狼群都可以轻易地跟随其后并猎捕它们。通常狍子只会逃窜很短的时间，然后突然掉头，并尝试返回它们之前的躲藏地。在逃跑时它们会故意跑出混乱的足迹，来迷惑它们的追捕者——接下来应该追踪哪一串足迹呢？当狍子安全回到原来的躲藏地之后，会躲进成片的矮灌木丛中。狍子总是单独行动，一个原因是成群地出现更加危险；另一个原因是原始森林里物资匮乏，森林的地表无法为大批的狍子供给足够的食物。因此为了保证最基本的不挨饿的需求，这一种群不得不漂泊至远方，然而远距离的迁徙也意味着更大的危险，它们有可能会在途中遇到一群狼，所以它们最好还是单独行动。

这样单独行动，甚至体现在雌性狍子在觅食的时候会撇下它们的孩子。在幼狍只有三四周大的时候，母狍这样做非常正常——那段时间小狍子还跟不上它们母亲的速度。为了能够自由地奔跑，母狍撇下幼狍，并将它们（多半是双胞胎）留在深厚的草丛或灌木丛里。当有敌人靠近时，幼狍们就可以压低身子平趴在地上，避免被发现。遗憾的是，有些人类却将这个动作解读为它们被遗弃了，并将这些被误认为无助的幼狍带回家去，而在那里它们常常会饱受饥饿的煎熬，因为它们不喝瓶装牛奶。

这样一种非大家庭式的生活，对森林动物来说十分常见。猞猁也属于其中的一员，它们孤独地漫步，穿越超过100平方公里的大猎区，只为在交配季节寻找到它们的另一半。

而鹿则表现得完全不同。作为原始草原动物，它们过着群居生活，也只有在生小鹿的时候才会分开，那段时间，每头母鹿都要过着安宁而孤单的日子。当食肉动物出现时，鹿群会一起逃跑很长一段距离，然后查看周围的地形，找到某个地方以便能躲在远处窥视它们的敌人。这一行为它们保留至今，却因此遭到了我们人类的反感——我们不愿意再同它们分享大片空地，因为那里是我们种植庄稼以及定居的地方。

***

再说回狍子，因为没有了黑暗的原始森林，目前它们的生活得到了一些改善。如今，这个被我们统称为森林的地方，发生了根本改变。请您试着鸟瞰一下山川，就像通过网上的卫星地图那样：它看起来千疮百孔，就像一块带着补丁的巨大地毯。至少从生态学角度来看，森林的地块很小：所有200平方公里以下的面积，哪怕是狼这一个种群都无法在此定居。

对狍子来说，这么多不成片的森林碎块却给它们带来了巨大的好处：这里到处都有前面所提及的它们最爱的边缘地带。曾经几棵树倒塌对动物们来说已经是件幸事，现在森林大地上到处都有充足的阳光，以至于养料像是要从草里溢出来似的。而这一情况不仅仅出现在边缘地带。森林经济的意义，不外乎就是培植与收获树木，砍伐树木是获取建筑原料的最粗暴的方式，而同时却又是食草动物所求之不得的事情。树冠的影子带来的干扰被排除了，因此草本植物又能重见天日。此外它们还得到了肥美的养料：充足的阳光把土地晒得很热，那些深埋在地底下的真菌和细菌拥有了所需的温度，不出几年就能将所有的腐殖质全部分解。由此它们会释放出极多的养分，多到那些新发芽的植物根本就来不及全部吸收。这些植物生长迅速，很快变得富含糖分和碳水化合物——那些都是狍子最爱的美味。于是狍子在这样的土地上再也不用四处漂泊，而是只需待在几平方米的空间，就能一整天不用饿肚子。

在这样的情况下，食草动物的数量得到了爆发式的增长。这类食草动物也像其他物种一样，满足了吃的需求后，下一步立马考虑的就是繁衍。它们不再只生一胎，而是两胎，甚至三胎。幼狍的性别也是雌性居多，那样就又能刺激种群数量增长，这从种群角度看是个优化的过程。这样一来狍子就能够真正占据这片生存空间，直至消耗完最后一棵草。

然而真正推动野生动物数量增长的，还是一些极端的气候变化，尤其是特大暴风雨。比如 1990 年的那两次（薇薇安和威碧卡）或是 2007 年那次（克尔），成片的树林被彻底摧毁，大量树木被连根拔起，其中大部分是云杉，也有一些种植在农场里的松树和黄杉，当风速超过每小时 100 公里，它们就开始倒塌。它们的根系当初在苗圃时就由于修剪受到一定的损伤，修剪根系的目的是给新树苗的种植带来便利，因为人们在植树时不必挖个很大的洞。

然而事物都有两面性，坏处便是，这种被修剪过根系的树苗再也不能生出完整的根须系统。当暴风雨降临时它们无法抓牢地面。再者，上面提及的几个树种在冬天时，其针叶会留在树枝上，也就使风有了特别大的接触面，这点与山毛榉和橡树完全不同。这些阔叶树在秋天落叶之后，会变得更加“流线型”，可以毫发无损地抵挡住大部分暴风雨，因此种植针叶林也就相当于间接地帮助了狍子。

以前，除了暴风雨，还有皆伐会造成森林的大面积损失。皆伐是指在森林经济的范畴内有计划地将林木全部伐除。人们将一整片土地上同龄的树木同时砍伐并运走，这种砍伐方式要比渐伐廉价得多（译者注：渐伐指在较长期限内，分次砍掉伐区上成熟林木的砍伐方式）。然而如今，至少是在中欧，如果树木的占地面积超过一公顷的话，皆伐是不被允许的。

渐伐对于狍子是个不幸吗？完全不是。因为渐伐对于地表植被有着与皆伐同样的好处。定期移除一部分树，是为了给那些特别优质的品种提供更多的生长空间。这种为树木均匀生长而又持续“松土”的做法，会渐进地达到皆伐的效果。同原始森林不同的是，在一片经济林里只有不到50%的生物量是以树木的形式存在，所以经济林里会有更多光线照射到大地上。草和灌木占据了很大面积，而且躲在树木底下还能暖和一下（温度比周围高大约3摄氏度）。同皆伐的效果相比，渐伐为狍子带来的大餐虽然没有那么丰盛，但也几乎遍布了整片森林。

由于在德国大约98%的森林面积被用于经济开发，所以德国的森林也就等同于一座巨大的饲养场。此外还有猎人，他们深入关注他们潜在的猎物，并用拖车把成吨的饲料拉进森林里，结果这些猎物的数量迅猛增长。相比人类干预之前的情况，如今我们的林子里多出将近50倍的狍子。

此外您自己也能很容易验证，森林的地貌在哪些方面发生了怎样的改变。在我们住处周围的天然森林里，基本上看不到草本植物和灌木。而在经济林中，上述植物的面积广泛，这归因于人类文明对生态系统的侵扰，但这至少对狍子来讲是一件开心的事。

* * *

然而对有些植物来说，却是另一番景象，因为这种“小型鹿”和我们人类一样，对食物有它们自己的偏好。其中排在前几位的有山毛榉、橡树、樱桃树以及其他一些阔叶树的幼苗，当然也包括十分少见的银冷杉的幼苗。此外柳兰——一米左右高的灌木，开着明亮的紫红色小花——或者是不大可能出现的覆盆子，也十分受狍子的欢迎。可以肯定的是，狍子会优先选择这些美味。但由于狍子的数量很多，总有一天这些美味会被全部吃光，取而代之的是漫山遍野的带有防御性的植物，如黑莓、蓟花以及荨麻。

大型食草动物基本上不被当地原始森林所熟知，这一点很容易得到验证：那些树木没有进化出针对饥饿的哺乳动物的防御措施，没有荆棘，没有树叶里的毒汁，也没有枝杈组成的坚固的障碍物。不，这些它们都没有，山毛榉和橡树几乎毫无防备地将其幼苗展现在所有动物面前，任由它们啃食，而这些树木唯一的武器就是它们给地面带来的一片昏暗，使得大部分有营养的植物无法生存，也就让森林这片栖息地变得对动物们毫无吸引力。

然而，这种薄弱的防御措施只有在动物数量很少，比如就只有几头狍子的情况下才有点用，但却无法抵御一大拨饥饿的原始牛群或欧洲野马群（一种原始马）；饥饿的动物只需要剥下树皮，就能使树干与树冠枯萎，于是大片的空地和阳光促生草原，这样一来地面上生长的植物又能提供食草动物所需的食物，而树林就将消亡。但是最终这一切并没有在中欧的土地上真正发生过，所以在我看来这明确地标志着，某个看似严重的持久性的威胁，未必会在现实中真正存在，不然的话，自然的进化早就朝着反方向进行了。

草原上的植物却完全是另一番景象。一大片长满草的区域，是野马、野牛和鹿的家园，而有时这些动物也会乐意转换一下口味，稍稍尝一些灌木和树的嫩芽。在这种环境下生长的树木，对它们的侵袭者有一套粗野的防御措施，黑刺李就是个典型的例子。即便是好几年前就已经枯死的黑刺李，依旧带有十分锋利的犹如尖刀一般的荆棘，那些尖刺可以轻易刺穿任何皮肤，甚至是橡胶长靴和汽车轮胎。另一个可以派上用处的防御武器是野苹果（译者注：这里指欧洲野苹果），它们就好比玫瑰植株里的黑刺。玫瑰 = 荆棘 = 一片草原。

而那些没有生出尖利防御武器的植物，则转而利用毒素，比如说洋地黄、染料木或者千里光，最后那个最危险，因为它所带来的损害会随着时间累积。一开始动物会出现轻微的肝功能损伤，之后突然某个时候，由于吃了太多这种植物就会毒发身亡。当然，这种毒素并不会危及其他动物。

有一种蝴蝶，十分喜爱停留在那开着漂亮黄色小花的灌木——千里光上，它们的目的不仅仅是进食，而且要以此来保护自己，它们就是千里光蛾。它们的幼虫可以一整天在一片接着一片的叶子上觅食，在那里它们吸取到的，不仅有卡路里，同时还有毒素。这一毒素对毛毛虫本身不会产生一点点影响，只针对所有想吃了毛毛虫的动物。在千里光蛾的幼虫身上，通常会有一圈圈黑黄相间的纹理，这样的纹理是用来警告那些猎食者们，此“食物”有毒。这就像是动物界中一个普遍存在的警告色，这样的例子还有很多（比如黄蜂、蝾螈）。

在田野间到处可以看到植物抵抗食草动物的景象。虽然表面看起来一切都非常平静，然而最新研究报道显示，阔叶树并不像世人（包括我自己）长期以来所想的那样毫无作为。在研究期间，来自莱比锡大学以及德国生物多样化研究中心（iDiv）的科学家们模拟了动物对较小的山毛榉与枫树的攻击。当狍子用力啃咬小树的嫩芽顶端后，伤痕处总会留下一些唾液，很显然受损的树木可以辨别出这些唾液。科学家用装在试管中狍子的唾液来做此模拟，他们将唾液一滴一滴地滴在树的截面上，然后观察到的是：作为回应，小树分泌出水杨酸，进而大量生成一种非常难吃的防御性物质，来阻碍狍子的啃食。然后科学家们又做了另一个试验，只是折断树枝，而没有继续在上面涂抹唾液，这回山毛榉和枫树就只释放了一些能使伤口尽快愈合的创伤激素。由此得出结论，这两种树（很有可能许多其他树种也同样如此）居然能够辨认出哺乳动物。

然而当啃咬树苗的动物达到一定数量后，这种方法也就不再有用了。动物吃光了生存空间里所有的东西，包括那些难以下咽的山毛榉幼苗。绝望的森林持有者们尝试着帮助那些幼小的阔叶树，他们在树的萌芽上涂抹一些苦味的物质，就连我自己，在从事森林事业的最初几年，也曾经做过类似的尝试，可惜这样的措施最终还是没能起到什么作用。狍子实在太饿了，以至于哪怕人们在幼苗上涂些白色的牙膏，它们也会照吃不误。

森林地表的植物被吃光，以及由此引发的原始森林老龄化，在中欧的许多地方已经成为一个十分紧迫的问题。它标志着，目前的野生物种的数量已经达到一个树木无法承受的程度。如何才能改变这样的状况呢？方法便是留住更多树木，换句话说，森林经济必须往回退一步。树多了才能使森林重新变得黑暗起来，山毛榉和橡树才能发挥它们从原始时期继承下来的阻挡阳光的技能。如果那些猎人能放弃冬天给野生动物喂食，那么情况也将会得到更大的好转。然后再加入几头狼（确实有过先例！），那么我们这里或许也会出现“黄石”效应。

要让大自然这块老机械表完全恢复精准的走时，大概是不大可能了，因为没有人能够，并且愿意消除前文所提到的我们地球这块巨大地毯上的补丁，也就是那些耕地、农田以及日益缩小的森林——对此我也不例外。毕竟当我一早起来饿着肚子的时候，想要咬一口早餐面包，那就需要有人播种麦田。

我们人类为了自己的目的改变着土地面貌，而从中获益的不仅仅是狍子，还有一些棕色的可以给我们的环境带来巨大影响的小动物。它们是一群极小的、善于防御的，同时喜欢勿忘我的小家伙。

第五章

蚂蚁——神秘的统治者

Ants - the secret rulers

蚂蚁能够为树木种群提供保护，
捕杀其余有害昆虫，
所以蚂蚁越多，
树木遭受的致命攻击相应的也就越少。

在我们的花园里，不计其数的灌木丛上，勿忘我会在整个夏季盛开。它们蓝色的花瓣会出现在花园的各个角落，甚至会自作主张地延伸进我们的菜圃，并深深地扎根在那里。我们一般会欣然接受这“侵占”，并且不会对它们多加限制，因为它们真的很漂亮。勿忘我之所以能够如此肆无忌惮，全仰仗它们拥有的一支微型陆军：蚂蚁。

蚂蚁并没有那么喜爱鲜花，起码不会因为鲜花那美丽的外表而喜欢。它们在饥饿时会倾向于食用草本植物，但更多的只是对植物所结的种子感兴趣，因为这类种子的构造，足以让蚂蚁垂涎欲滴。种子的外面有一小块看起来很像蛋糕屑的油质体，这油质体富含脂肪与糖分，对于蚂蚁来说堪比薯片和巧克力。那些小蚁们会迫不及待地将这些植物种子搬回它们的地道中，而在那里，它们的“同胞”正望眼欲穿地等待着这顿卡路里的大餐。那一小块“蛋糕屑”会被啃食，而原本的种子会被当作垃圾遗留下来。植物的这种“倾倒垃圾”的方式与工蜂授粉的模式类似，可以把种子散布到周围环境中——最远能散播到离自己70米远的地方。除了勿忘我，野草莓和野堇菜也是得益于这种散播方式而实现四处扩张。蚂蚁在这里所发挥的作用，类似一个大自然的园丁。

蚂蚁种群是个经常出现在森林与田野间的庞大军团，而且它们在某些方面的活动习惯与我们人类的行为非常接近。到目前为止，已经被发现的蚂蚁种类大约有10 000种，而德国《时代周报》曾经做过一个有趣的计算，它估算了一下各个不同蚂蚁家族的所有蚂蚁个体的体重之和：结果是，它们的总重量与我们全球所有人类的体重总量基本相同。

大部分的草场蚁都属于小型蚁类，而森林蚁，无论是根据它们的身材大小，还是它们的蚁巢尺寸，都属于大型蚁类。迄今为止，我在我的猎场里找到过的最大的蚁堆，其直径接近5米长。我第一次接触森林红蚂蚁（森林中最常见的蚂蚁种类），是发生在我孩提时期与全家人一起散步的时候。散步过程中，我们在路边看到了一个高高隆起的大型蚁堆，依照我们家的惯例，我们又开始了一个小小的授课仪式：我的母亲站到了那隆起的蚁堆旁边，用她的手掌轻轻地拍了几下蚁堆的表面。随后她让我们闻了闻她的手——一股刺鼻的酸味立马钻进了我的鼻子，那是蚂蚁将它们的腹部向前弯曲，并向侵略者喷射酸液，来自我防御。而且，我们在整个观察过程中必须快速地两腿交替跳动，以避免有些小虫子爬过鞋子，钻进裤腿，并“勇敢”地在我们腿上咬上一口，被这样咬一口可是十分疼的。

森林蚁具有非常强的攻击性，这也难怪，毕竟它们是蜜蜂的亲戚。除了攻击性，蚁群的家族构成与蜂群的也很相似，不过还是有些不同，比如蚁群中可以同时存在多个蚁后。另外，同族的蚂蚁能够非常好地和睦共处，而蜜蜂则不是这样。在蜂群中，尤其在秋季，总会时不时地发生蜜蜂之间互相袭击的事情，而那些战败的同类会被残忍地杀害与抢掠。蚂蚁相对来说会更友好一些，然而这友好仅限于同类之间。蚂蚁也会关心其他种类的昆虫，当然，只是把它们当作盘中餐而已。经常会有蚂蚁将小蠹虫和它们的幼虫搬运回巢，用以喂养自己的幼虫。蚂蚁的胃口相当惊人，它们可以在一个夏天将半径 50 米范围内上百万只小蠹虫消耗掉。

在云杉农场中比较可怕的是云杉小蠹虫，而在比较大的单一树种松林中，某些鳞翅类，例如松毛虫蛾和松夜蛾，会比较危险，因为它们的后代可以将整个森林啃噬殆尽。但这种情况在蚁丘附近就不会发生：蚁丘附近的树木会从这场“殖民侵略”中存活下来，仿佛许多绿色的小岛，位于由死亡的树干形成的海洋中。这可以很快为我们引入一个概念，森林的“健康警察”：蚂蚁作为护林员和森林持有者的得力助手，从此被强力地保护起来。它们不仅仅吃掉了那些臭名昭著的害虫，而且还食腐，这让它们“警察”的头衔变得更加名副其实。相比之下，却没有几种鸟类可以做到这些，就算它们偶尔会吃些害虫也并非心甘情愿。啄木鸟（比如乌鸦大小的黑色啄木鸟）以及黑琴鸡和松鸡只喜欢坐享其成地从蚁丘中猎食蚂蚁搬运来的幼虫和虫蛹。因此森林蚁毋庸置疑地被归入“益虫”的行列。

当我们再一次更深入地观察蚂蚁这个种群，很快就会产生各种疑问，而首要问题就是，蚂蚁真的值得保护吗？首先要澄清的是：“值得保护”从表达尊重的意义上来说，应该对于所有物种都适用，无论它们是常见的还是罕见的。然而从保护某个物种的主观性和必要性来看，“值得保护”是个完全不同的标签，而将这标签用于我们这里说的蚂蚁并不恰当，起码在德国不适用。森林蚁喜欢在人类垦殖或居住的地方生存，它们只分布在有大量针叶林的地区。在我们的原始阔叶林中是找不到这些“小丘建筑师”的——您在哪里见到过用树叶堆起来的蚁丘吗？再者，为了能在春天更好地开始工作，蚂蚁需要很多阳光。这些小昆虫们会躺在蚁丘外面将自己晒热，然后重新爬回蚁洞内，并在那里释放热量。但是在原始山毛榉林中，地表基本见不到阳光——对于这些“小丘建筑师”来说，又一个必要条件没有了。

* * *

森林蚁在它们的自然栖息地真的只给树木带来正面的影响吗？它们消灭了攻击型的小蠹虫，这对于针叶树确实是件值得高兴的事情。当然，一般的营养菜谱上不会只有肉，甜点也是必不可少的。而在森林中，糖分基本都来自蚜虫，它们附着在针叶和树皮上，用它们的口器刺入树木内含汁液的通道，来吸取树汁。由于光合作用，树木的“树血”富含糖分，但这糖分并不是蚜虫的目标，它们需要的是蛋白质，而蛋白质在树木汁液中的含量却非常低。由于这个原因，蚜虫需要让大量的树木汁液穿过自己的身体，以此过滤并积攒出珍贵且足量的营养物质。

蚜虫吸入的树汁很多，排出的当然也就很多，于是排便就成了它们经常做的事情。如果您在夏天将车停在树底下，您会从挡风玻璃上发现这一点：仅仅几个小时后，挡风玻璃会被无数黏糊糊的小点所覆盖。由于蚜虫长期这样偷食，它们的下半身会随着时间的推移慢慢被糖凝结。某些蚜虫可以自己应付，它们会在排泄物外覆盖一层蜡并以此打通排泄通道，而其他蚜虫则需要寻求森林蚁的帮助。森林蚁非常渴求这种甜粪便，这一点和它们的亲戚——蜜蜂——倒是很相似，因为糖分是它们的营养物质最重要的组成部分之一。一个蚂蚁族群在一个季度内可以消耗掉200升这种被称作“蜜露”的小粪滴，而这些相当于蚁群大约三分之二的卡路里需求。让我们看一个对比：在相同的时间段内，平均一个蚁群会将1000万只昆虫吞进肚子里——那相当于28千克或者说33%的卡路里需求。最后剩余的那一小部分来自于树木汁液与菌丝。

也就是说，森林蚁和蚜虫其实是处于一种共生的关系，而这种关系第一次给蚂蚁“森林警察”的标签添加了一个污点，因为蚜虫在以各种各样的方式破坏树木。首先，它们会汲取树木的养分，而这养分对于山毛榉、橡树以及云杉却是必不可少的。其次，由于被叮咬与体液流失，树木的纤维组织也受到了损伤。云杉蚜虫身长只有两毫米并长着一对小红眼睛，它们会在各类云杉树的针叶上汲取养分，致使针叶由黄色变为褐色，最终脱落。然后树木看起来就像被拔光了毛，只有几片最新的当年生长的嫩叶还留在分枝上。由于树叶变少，光合作用大打折扣，因此云杉的生长也受到了严重阻碍。

除了上面提到的破坏行为，蚜虫还会带来可能会威胁到树木生命的病原体。山毛榉吹绵蚧就是一个例子。它们一般在山毛榉树皮上进食，只要数量不多，这些浑身由蜡绒毛覆盖的小虫子还是无害的，山毛榉可以顺利地自行治愈一个个细小的叮咬伤口。但是如果这些小虫子开始大规模繁殖，那情况就完全不一样了。吹绵蚧的繁殖不需要雄性，而且到目前为止，人们发现这样的特性在它们的种群中不止一例。雌性吹绵蚧产下未受精的虫卵，然后幼虫破卵而出。那些幼虫会随风被吹至另一棵榉树，然后立即开始在树上钻孔。当这些白色的吹绵蚧群落像一层浅色霉菌一样，占据了所有树皮裂缝后，部分树木会彻底失去抵抗力。它们用特有的长口器，在树上留下无数潮湿的伤口，这些伤口很难再愈合。同时伤口处会有汁液流出，这汁液会吸引菌类定居，而菌类会侵入树干，并最终导致这棵榉树的死亡。许多树木虽然可以战胜这种疾病，但那些布满树皮的疤痕却再也难以抹去。

蚜虫对于树木而言，实在是个灾难——它们在树木中散播传染病，让树木失去生命力。而这时作为“森林警察”的蚂蚁参与了进来，它们本可以吃掉这些绿色害虫，并以此提高它们自己身体里的蛋白质比例，但是很明显，它们认为把蚜虫当作奶牛一样饲养起来更加便利。地上已经有 200 升的“蜜露”等待着采摘，而相较于蚁丘周围树木上的蚜虫，这地上的“蜜露”明显要更近一些。另外，蚂蚁还为蚜虫提供了第二重保护——把蚜虫从它们的天敌那里保护了起来。而这种“保护”体现在蚂蚁的捕猎对象，比如蚂蚁吃下了瓢虫的幼虫，而瓢虫恰恰以这些绿色蚜虫为食。

虽然蚜虫得到了森林蚁的保护，但它们却不会感觉特别舒服，因为它们并不是心甘情愿地居于蚂蚁的保护下。蚜虫有迁徙的意愿，所以它们通过几代的努力慢慢进化出了翅膀，并开始迁徙到别处。然而它们的“保护者”不会对此不闻不问，森林蚁会毫不犹豫地咬掉蚜虫透明的翅膀，以此来破坏它们飞行的梦想。这样还不够，蚜虫还会因为某些化学物质而变得行动迟缓，在逃脱的途中受阻。这是由于森林蚁会分泌一种特殊的物质，而这种物质可以抑制蚜虫翅膀的生长速度，进一步确保对蚜虫的控制。英国帝国理工学院的一个研究团队发现，当蚜虫进入一个有蚂蚁刚刚经过的区域时，它们的活动会变得更加缓慢。原因在于蚂蚁分泌的化学信息素，它会残留在阔叶与针叶上，并强制蚜虫进入慢动作状态。由此看来，这美妙的共生关系并不是完全建立在自愿的基础上。

虽然有人会有异议，但蚜虫确实从森林蚁的保护中受益：由于瓢虫和食蚜蝇的幼虫被限制，蚜虫得到了完美的保护，可以免受天敌的威胁。而“挤奶”的过程也不会给蚜虫带来任何损失，因为最终那些糖分也是要作为粪便被干干净净地排出体外。

对蚜虫来说，或许难点在于，当蚜虫发觉它们目前所在地区的生存条件变差时，它们就想迁移到更富饶的森林去。但它们的保护者，或者更准确地说是监狱看守，会阻碍他们的迁移。作为监狱看守的森林蚁，会将它们的“宠物”维持在一个不正常的高密度状态，并囚禁于树上，那么它们真的还可以被称为“森林警察”吗？森林蚁为了得到更多的糖分而保护蚜虫群，最终导致树木变得虚弱，对于林业经济而言，它们真的可以被定义为益虫吗？

这些问题，不是简简单单就能回答的。在这一章的开始，我们介绍过以蚁丘为中心的绿色小岛。在小蠹虫侵袭针叶林时，这些小岛由于蚂蚁的帮助存活了下来。无论有多少蚜虫寄生于这棵被拯救的云杉上，这棵树的命运都要比它那些死去的同类好得多。而这件事恰恰像是一把钥匙，有助于我们理解不同昆虫种群之间复杂的共生关系：不仅仅蚜虫和小蠹虫会侵害树木，还有很多其他种类的昆虫也会对树木造成伤害。所有这类昆虫只有一个目的，从这个名为树的巨大碳水化合物的仓库中，汲取出它们自己的那一部分养料。例如吉丁虫，它们将卵产在树皮上，而它们的幼虫会将那一块树皮底下挖得空空如也；再比如象鼻虫，它们会将树叶蛀咬得像被霰弹枪打过一般——所有这些造成的后果，都很可能会比给蚜虫“献血”要严重得多。确实，蚂蚁的保护导致了蚜虫数量的增加，而进一步导致了树木“失血量”的增大，但与此同时，树木周边蚂蚁的数量也得到增长：因为大量来自树木汁液的营养 = 大量的蚂蚁幼虫被喂饱。而蚂蚁能够为树木种群提供保护，捕杀其余有害昆虫，所以蚂蚁越多，树木遭受的致命攻击相应也就越少。

一个有趣的问题是：蚂蚁与蚜虫共生组合的总体平衡性究竟如何呢？对于这个问题，学术界还没有达成一致。但在众多研究中，大多数的研究可以证明这个组合总体的作用和影响是正面的。兰卡斯特大学的约翰·惠特克发现，周围有蚂蚁驻守的桦树能够更好地生长。虽然蚜虫的数量也会有所上升，但这种情况只会出现在某些树种上。而那些蚂蚁不感兴趣的树种，数量一般都会减少得非常快。在有蚂蚁的区域，食叶昆虫的数量会大大降低，以至于这里的桦树的落叶量比没有蚂蚁移居的桦树的落叶量，整整低了六倍。根据惠特克所述，悬铃木也会从蚂蚁身上受益。饲养蚜虫的蚂蚁可以明显降低其他以植物为食的昆虫对树木的侵害。而相较于那些没有蚂蚁保护的树木样品，有蚂蚁保护的树木的树干直径生长速度要快 2 至 3 倍。

那么，蚂蚁确实算是益虫吗？我想，对于这个问题我们最终无法给出明确的答案，因为生态系统实在过于复杂。如果您在本章临近结尾时还想进一步深究的话，那么您会发现，试图完美地理解昆虫之间的联系，最终都是徒劳无功的，因为那将涉及糖分制造的问题。虽然树木由于蚜虫的侵害而损失了汁液，但它们生产的糖分总量是增多的，因为由于不再有毛虫蛀食，它们的树叶数量增加了。通常糖分会被保存在树木中，然后通过树木的根须和菌类进入生态系统，即土壤中。

由于被蚂蚁饲养的蚜虫数量过多，大量的“糖雨”会倾泻而下，并覆盖树下的植被与地表——然而“小丘建筑师”没有能力及时处理所有的“蜜露”，导致大量糖滴掉落在树叶与地表上。（请您重新回想一下您那辆停在树下的车，还有那黏糊糊的前挡风玻璃。）由此导致的结果是：那些与树木共栖并服务于树根的菌类，严重缺乏糖分。

一旦地表上的营养物质损失过多，那么能渗入地下的营养物质自然就变少了。如果菌类的营养供给不足，那么菌类能制造的子实体就会减少，而子实体同样与蜗牛和昆虫息息相关。这也就不难理解，为什么我们几乎无法从科学的角度探明某物种的总体平衡性。

相对来说，森林经济所导致的巨大改变是比较容易想象的。由于人们清除了原有的森林，并将其变成只有单一树种的木材种植园，而这造成的影响，不仅仅是新植入的一个物种受到排挤（在我们德国这里一般是山毛榉），而是包括这个新物种在内的整个共生环境发生了改变。到目前为止，我们一直以小齿轮来打比方，而现在的这种情况更像是替换掉整个钟表设备。我们有理由怀疑，这个新的钟表是否会像老的一样走时准确。

很遗憾，我们的“森林警察”并不关心这钟表设备的功能，它们只关心个别的“罪犯”。我们已经认识了其中一些罪犯：松毛虫、松夜蛾和小蠹虫。而最后那个罪犯，我们需要更进一步地了解一下。

第六章

讨厌的小蠹虫

The evil bark beetle

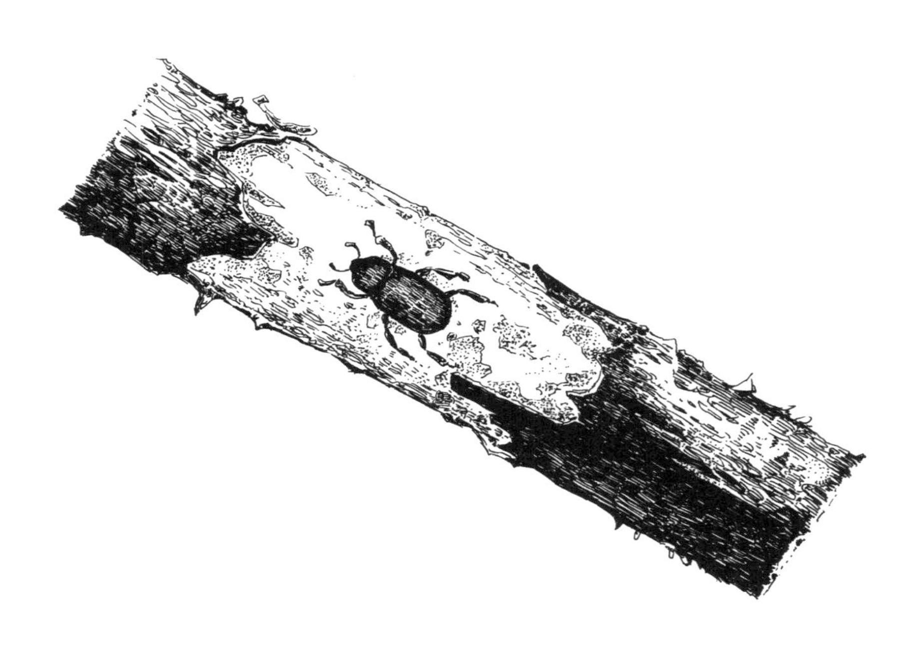

小蠹虫实际上是为那些靠朽木生存的物种
开启了一扇门，
并且为它们制造了一片短暂的乐土。

“印刷工人”“铜雕专家”“森林园丁”（译者注：上述三者均为中文直译，在昆虫领域分别指：云杉小蠹、星坑小蠹、松小蠹）——在所有这些悦耳的名称背后，隐藏着的其实都是同一类虫子。如果有一张清单，列举出森林里最令人担忧的扰乱者，那么这类虫子肯定名列前茅，它们的学名为小蠹虫。对此您肯定已经稍有了解，在自然界中它们臭名昭著，以至于我常常被人问到，为了不让我们林区里的所有枯树都成为这些害虫的窝巢，是否应当将这些枯树全部移除？然而，欧洲云杉小蠹虫以及它们的同类，对正常健康的树木是完全无害的，甚至还相当有益。现在就让我们来观察一下小蠹虫的自然生存空间。

小蠹虫生活在树木里，这点从其名字就可以推测到（译者

注：小蠹虫直译为树皮甲虫）。虽然树木是小蠹虫的生存地，但不是随便哪棵树都适合它们，每一种小蠹虫都有自己最爱的树种。欧洲云杉大小蠹只专注于云杉，所以它们的分布取决于云杉的数量。当春天到来，气温攀升至20摄氏度的时候，躲在树皮下的成年小蠹虫从冬眠中醒来，开始它们的“成人之旅”——进行交配。然而这并不是一件很容易的事情，为了能成功交配，雄性小蠹虫必须要做些复杂的准备工作。

首先它们要寻找一些得病变弱的云杉。云杉（同所有树木一样）当然也会抵御昆虫的侵袭，然而有谁会乐意在第一次交配之前就死去呢？所以云杉小蠹虫会有目的地选择那些会释放特殊芳香剂的虚弱树木。当树木都处于虚弱的状态时，它们之间会通过这种芳香剂来互相交流。举例来说，如果天气干旱，土地严重缺水，最先意识到缺水的那棵树会给周围的同类发出警告。其他树就能节制对水的需求量，将剩余的储备水引向树根部。可惜的是，树的敌人也会发现，树根处有汁液渗出。通常情况下，云杉抵抗那些啃食树干的小蠹虫的方法，是挤压出一些树脂，将那些虫子溺死在树脂中。而一旦树缺水或者在其他方面变虚弱了，那么上述这一方法就不够用了。

一旦雄性云杉小蠹虫发现了某一棵较虚弱的云杉，它就会立刻在树上钻洞。“要么不做，要做就做彻底。”这是小蠹虫所信奉的一条准则，如果这只小蠹虫幸运的话，树干里不会溢出树脂。接下来，这只云杉小蠹虫就沿着树皮纤维往里爬，一毫米一毫米地向前钻开一条通道。钻洞时产生的碎屑会被小蠹虫朝着反方向推出来。

这些棕色的树木碎屑给了守林人一个最直接的警告，这棵云杉已经不再有抵御能力，而且濒临死亡。一旦云杉小蠹虫获得了胜利，它便会借助某种特殊的香味，向同伴传递这一喜讯。它会在交配的时候邀请其他雄性竞争者前来围观，这一做法看似不合逻辑，但事实并非完全如此。因为树木也可能会借助一场短暂的降雨来重新恢复活力，产生新的树脂，迅速将这只勇敢的侵略者杀死。所以云杉小蠹虫唯一的出路就是必须快速削弱云杉，使它完全没有可能重新恢复过来。云杉小蠹虫的数量越多，树木被摧毁的概率就越高。

但有时也可能适得其反：如果太多同伴过来，虽然它们还勉强有立足的空间，但这空间完全容纳不下之后破茧而出的幼虫，也不会有足够的树干供这些幼虫们啃食。结果就是：会出现许多挨饿的小蠹虫幼虫。如果一开始已经有足够多的雄性小蠹虫，那么它们会发出占领地盘的信号，使情敌们与自己保持距离。而那些情敌们也不会两手空空地离开，因为通常情况下附近就会有可以攻击的其他云杉。而在我们看来，其他云杉变弱的可能性也十分高——毕竟云杉并不属于德国这片土地，这里对它们来说总是太热太干了。

在某些情况下，当云杉小蠹虫以相当多的数量一同出现时，它们甚至可以击倒一棵健康的树。如果一整片树丛都被侵袭了，那就意味着那里已经成为了云杉小蠹虫的窝巢，而那片树丛，在很远处就会因为发红的枯萎树冠，而变得格外引人注目。

说到“引人注目”，这些云杉小蠹虫通过化学物质来传递信息，这方法本身也存在一些缺陷，因为它们的敌人也可以“窃听”到它们的信息。就比如郭公虫，它们从外观上的确让人联想到巨大的森林蚁（译者注：郭公虫直译为彩色蚂蚁甲虫）。这种昆虫猎食云杉小蠹虫，当它们靠近猎物时，就能嗅到猎物的气味，并且胃口大增。不仅成年的郭公虫，就连郭公虫的幼虫也会吃掉大大小小的云杉小蠹虫。而所有类别的小蠹虫都有同样的缺点，互相之间有太多唠唠叨叨废话般的交流。

那些雄性云杉小蠹虫除了协助其他同伴（或者也可能会拒绝）一起钻树以外，并没有忘记它们自身的目的：进行交配。它们会在树皮下钻出一个名为“打桩室”的孔道（不好意思，但这就是它正确的名字），然后再次靠香味来吸引其他雌性云杉小蠹虫。如果成功了，它们会同好几只雌性小蠹虫交配（每只雄性小蠹虫会同 1 至 3 只雌性小蠹虫交配）。它们会在主孔道两边另外开辟出多条小孔道，然后将虫卵一个接着一个地放到里面——在这期间它们还会接着交配，使虫卵的储备量能达到 30 至 60 个。其他雄性小蠹虫也不会毫无作为地只在一旁看着，而是像个绅士一般，帮着把钻出的碎屑清理出去。

破茧而出的幼虫可以完全依靠自己的力量，吃到树皮下的营养物质，然后越长越肥。这点您可以在老树皮脱落的位置观察到：树皮下那些包裹幼虫的孔道，最后会变得越来越宽，因为待在里面的幼虫体形越来越大。在孔道的尽头有一个洞，幼虫会从这个洞口化蛹然后破茧而出——当然幼虫要先吃够树皮，长到足够强壮才行。如果您对着光线仔细观察树皮的话，就能明显看到树皮上会有一个钻孔。

* * *

小蠹虫需要大约十周，完成从虫卵到成虫的整个生长过程，也就是说，小蠹虫在一年内可能会生出好多代——当然这取决于气候因素。凉爽潮湿的夏季对小蠹虫很不利，因为第一，树木有更好的抵抗力；第二，真菌或者疾病很容易在昆虫之间传播开（昆虫同人类一样无法忍受长时间的雨天）。

然而对于小蠹虫来说，真菌不一定一直有害，某种小蠹虫甚至需要这类长了真菌的潮湿树木。比如木蠹虫，它们甚至可以利用那些快死的，并且已经开始微微发干的树干。这种时期的树干最适合一些真菌寄居，因为真菌既不能生长在潮湿健康的树上，也不能生长在干透枯死的树上。

木蠹虫总能找到含真菌的树木，这一点并非偶然。木蠹虫身上携带了真菌的孢子，当它们在树上钻洞时，这些孢子会感染树木。与云杉小蠹虫不同的是，木蠹虫会进到更深一层，利用白木质，那是树外圈的树干，这里比内圈的树干更潮湿，所以携带进来的孢子可以更好地传播开来。在那里，木蠹虫可以开辟出一整个孔道系统，这个孔道系统由无数互相连通的孔道组成。在孔道的内壁上到处生长着真菌，为木蠹虫和它们的幼虫提供营养物质。那些孔道周围的木质，颜色会变成黑色，再加上被钻出一些洞，所以树干贬值了许多——至少对于森林持有者和锯木厂来说是这样。

被木蠹虫侵蚀过的树干，很容易与被普通小蠹虫侵蚀的树干区分开，因为那些露在树干表面的碎屑不是深褐色的，而是接近于白色（因为木蠹虫只对浅色木头感兴趣）。

种种迹象都表明，木蠹虫显然属于害虫：树干上生出虫洞，真菌将树木染成黑色。不仅木材原料遭受贬值，在炎热干燥的天气，木蠹虫数量激增还会导致整片树林坏死，正如人们在巴伐利亚国家森林公园里看到的景象。

此外，另一种更大程度的破坏，则出自于山松大小蠹。这类小蠹虫生活在北美西部的松林间，尤其喜欢美国黑松，它们的习性与云杉小蠹虫相似。然而在山松大小蠹的种群里，起主导作用并且引诱异性的是雌性小蠹虫。它们为了解除树的防御机制（释放出树脂），利用真菌，来侵袭树的皮层，使树瘫痪。树不仅失去了防御机制，自身的养料输送也被遏制了，所以这个手无寸铁的受害者只能任由山松大小蠹入侵。

在过去几年中，许多研究报告表明，这些寄生在树中的山松大小蠹越来越多，毁掉了大片正常的森林。在加拿大的英属哥伦比亚省，大约有四分之三的经济林贮备被毁，很多地区的老树被侵袭一空。

人们不禁要问，为什么会发生这样的事情——通常没有任何一个物种会毁掉自己最基本的自然生存空间。科学家们将原因归结为气候变化：冬天气温变高，致使更多虫卵与幼虫得以存活下来；所以山松大小蠹就能将生存空间延伸到更北边。再者，由于气温变高，树木本身也会变弱，最终它们用于抵御外来侵袭的防御力消失了。

可以肯定的是，科学家的这个解释是山松大小蠹越来越多的一部分原因，但是大多数研究却对另一部分原因缄口不提。那就是：人们大面积砍伐原始森林，用单一化的农场来取而代之，使得这类小蠹虫的数量轻而易举就能增加好几倍。此外，那些出现概率本就不大的森林大火，比如由闪电引起的，都能被及时扑灭，所以森林里比以前多了很多松树。由此森林中也就出现了很多对山松大小蠹抵御能力更弱的树种，也就会有山松大小蠹成倍出现。

山松大小蠹越来越喜欢往北方以及高山上迁移，也就是那些比较寒冷的地方——或者说曾经比较寒冷的地方。在那里，山松大小蠹遇到了新的松树品种，而这类松树并不熟悉它们的敌人，也就很难抵御山松大小蠹的侵扰。原本受山松大小蠹侵扰的受害者是黑松，而通常黑松并不太容易被攻克。当山松大小蠹开始在黑松上钻孔的时候，黑松会首先尝试在咬口处释放树脂。如此一来黑松就能淹没侵袭者，或者至少可以把它们冲到别处。当然还是会有强壮的小蠹虫，扒在黏糊糊的树皮表面，然后通过释放化学物质，来通知它的同伴，帮它一起啃咬树皮。

当山松大小蠹克服了第一道障碍后，它们会面临树干的活体细胞。这些细胞会立马自我毁灭，同时释放一种针对昆虫的强大毒素。如果山松大小蠹单独行动，那它就会被毒死，但它在临死那一刻还是会给同伴发出求救信号，随后它的同伴就会将此树削弱至垂死挣扎的状态。

在德国也存在类似的大片森林树木倒塌的情况，比如之前已经提到的巴伐利亚国家森林公园。出于森林经济的缘故，公园里将一大片云杉种植区设置为保护区。如今，由于护林员不被允许砍伐那些得了虫病的树，或是给树喷洒杀虫剂，云杉小蠹虫就可以像北美的山松大小蠹那样，到处肆虐。结果也一样：整片林子的大树死于虫灾。一些森林徒步者非常震惊，他们完全看不到绿色森林，而只能遇到零散的几棵小树苗。

现在我们不得不再次提出这个问题，小蠹虫究竟算不算害虫。在我看来答案十分肯定：不是！这些昆虫只是一种弱小的寄生虫，它们基本上只寻找那些已经有残缺的树。真正出现小蠹虫泛滥成灾的情况（昆虫种群数量增多，多到连正常健康的树木也能被消灭干净），发生在我们人类改变了自然的游戏规则之后。这种改变，有可能是通过开辟大型农场，或是通过排放污染物，导致气候变化——归根结底，原因不在小蠹虫，而在于我们打破了自然的平衡。小蠹虫的泛滥恰恰提醒了人类，改变自然会带来哪些弊端，难道我们不应该如此看待这一问题吗？虫灾的出现加剧了自然平衡被打破的严峻性，而我们今后迫切需要做的就是改变路线，采取更多亲近自然的措施。

在我们中欧的针叶林种植区里，那些弱不禁风的人工培育的针叶树，根本就不是本地的树种，这些树理应被原本就属于这里的阔叶树所替代。而阔叶树才是真正防御小蠹虫类昆虫的专家。比起云杉和松树，山毛榉、橡树以及它们的同类，才真正能够牢牢扎根于此，并且对抗那些昆虫的侵袭。人类给小蠹虫冠以“害虫”的称谓，其实掩盖了导致树木倒塌的真正缘由。某一棵树得了病，继而倒塌，死后却成为郭公虫、啄木鸟以及其他一些物种必不可少的生存基础。由此可见，小蠹虫实际上是为那些靠朽木生存的物种开启了一扇门，并且为它们制造了一片短暂的乐土。在我们的国家森林公园里，云杉消亡后留下的空地上，新一代的树种很快又长了出来。这新一代的树种里，存在许多阔叶树的种类，为将来的原始森林的形成提供良好的基础。由此可见，小蠹虫非但不是掘墓者，而且反倒为自然带来了新生命。

而类似的情况在死去的大型动物身上得到更好的体现。为什么是死去的动物呢？因为它们本身就构成了一个生态系统，如果把自然看作宇宙，这个生态系统就像是自然这个宇宙空间里的一颗小行星。死去的动物，或许名字不好听，但是人们对它们的关注确实太少了。

第七章

丧宴

Funeral meal

人们应该将自然发展放在首要位置，
而动物死尸也属于自然发展的一部分。

至此，我们忽略了一个对于许多生物来说的美味佳肴：大型哺乳动物的尸体。围绕这些尸体，发生着不可思议的事情。这么说是否让您觉得恶心？这可以理解，但严格意义上来说，我们也整天围绕着这些死去的动物，至少，如果不是素食者的话，我们几乎每天都要见到它们：在我们的餐盘里。而要说区别的话，比起大部分死去的野猪、狍子和鹿，我们餐盘里的食物也仅仅只是腐烂的程度小一些而已，这样我们才能安全地食用。

当然，许多生物可以接受腐烂程度较高的食物，它们也需要这些食物，而在我们看来是发臭的肉，它们肯定觉得是美味佳肴。而且这样的美味佳肴数量还不少，仅仅在中欧，每年就有上百万的狍子、鹿和野猪由于暴力致死。而在德国，虽然许多野生动物是被枪击致死（根据德国猎人协会的统计，上述三种猎物大约占到180万头），但还是会有一些它们的同类属于自然死亡。那么它们死后的尸体去哪儿了呢？您也许会随口一说：尸体腐化了，也就是说，它们带着一股恶臭，不知道哪天就变成了腐殖质，最后总会消失。那么究竟是谁来完成这个过程呢？

让我们首先从比较大的哺乳动物——熊开始说起。熊具有极其敏锐的嗅觉，可以在好几公里外的地方闻到肉的味道。它们可以同狼这样的食肉动物一起，几天内吃掉猎物身上绝大部分的肉。而剩下一些吃不下的部分，它们会埋起来作为储备，不让别的动物看见。

鸟类随后也会很快赶到。非洲热带草原上，秃鹫会在新鲜尸体上方盘旋，边发出尖叫声，边立即占据尸体；而在北方地区，则换作乌鸦出现在尸体旁。乌鸦就好比是北方的秃鹫，它们可以在猎区上方飞过很长一段距离，直达目的地——在那里，一头狍子或一头野猪刚刚死去。

在死去的动物面前，经常会出现一些争斗。如果棕熊出现了，狼就只能分到小份。在不确定的情况下，尤其是当小狼崽也在场时，狼会选择逃之大吉，以避免熊将它们也当作点心一并吞食。而乌鸦在这种情况下也参与了进来，它们协助狼群，从高空观察远处的危险，然后警示狼群。作为回报，乌鸦可以分得一部分食物——因为对狼来说，天下没有免费的午餐。狼当然也可以不费吹灰之力地吃掉乌鸦，但是它们从小狼崽开始就被教导，要把乌鸦当作朋友。所以人们会看见小狼崽同那些黑色的鸟类同伴一起玩耍，由此，小狼可以熟悉乌鸦的气味，并记住它们和自己处于同一条战线。

狼同乌鸦可以和平相处，而其他种群则必须为了食物来源而互相争夺。除了乌鸦之外，还有其他一些带羽毛的争夺者，想要从尸体上分一杯羹，比如海雕或鸢。它们在尸体旁相互撕扯和挤压，使得周围的土地开裂，产生一种松土的效果。由此地面的植物重新生长，原本深埋在草丛里的种子，现如今也可以发芽了。而那些终日不见阳光的植物的生存状况也得到改善。腐化的肉如同化肥一样滋养了植物——狍子和鹿的死尸对植物来说，相当于陆地上的鲑鱼群。充足的养料供给体现在，尸体直径一米左右的范围内草木繁茂，绿意盎然。

那么被啃食后剩下的整副骸骨又去了哪里呢？既然动物的肉体已经通过前面描述的方式，被利用殆尽，那么森林和田野中肯定会有无数的尸骨暴露在太阳底下。而事实并非如此，就连我这个每天都要在林子里走来走去的森林学家，也从未看到过任何动物的尸骨，更不要说踩到某个动物的头骨了。

看不到尸骨一般有两方面原因：得病或体弱的动物会疏远它们的同类，躲藏到树丛中；或者遇到炎热的夏天，受伤的动物会在附近的小河边，或者直接跳进河里，来冲洗它们的伤口。其实，它们在那里就是等死，但是它们这样做也不是没有道理，因为这样一来它们的同伴就不会陷入危险的境地——虚弱的个体更容易引起食肉动物的注意。此外，分开的话，它们的痛苦也不会给其他同类造成困扰。所以，我们最多也只能用鼻子发现那些死去的动物，而它们的尸骨会静静地掩藏在灌木丛中。但是它们死的时候并没有被肢解，而且总会有那么一两只动物没有在死前掩藏进植物中，所以随着时间慢慢流逝，整片田野上理应到处都是尸骨。然而事实并不是想象的那样，因为仍然有许多动物对这些尸体最后的部分，同样非常感兴趣，比如说老鼠。它们很喜欢啃食骨头，能将骨头一直啃到完全精光，它们对钙和其他一些矿物质充满了欲望，就好比家畜酷爱带咸味的咬牙棒一样（或者也像我们喜欢吃咸味饼干棒那样）。

如果那些骨头还够新鲜，熊会很乐意将其撬开。毕竟骨头内部含有油性很高的骨髓——那是绝对的美味，没有其他动物可以来跟熊争抢的，连狼也不行。有些狗喜欢啃骨头，而狼却和狗不同，它们显然不愿意做这些费力的小事。然而这“小事”却十分重要，尤其对其他某些物种来说。如何重要，在熊被歼灭的地方到处可以体现出来，在我们德国这里也是。因为只有当尸骨坚硬的外壳先被撬开，那些更微小的生物才能参与进来，比如食尸蝇。直到 2009 年，食尸蝇的踪迹才再次被发现。

这种怪异的昆虫长着小小的橘红色脑袋，看起来就像科幻形象，它们的行为与其他的蝇类也很不相同。食尸蝇喜欢阴冷的环境，尤其会在冬天的夜晚出现。它们搜寻死去的动物以及裸露的尸骨，并在上面产卵。19 世纪，动物的尸体曾经从空旷的田野间消失了——这是一项严格的卫生规定带来的成效。与此同时，熊也被清除了，而这对于食尸蝇来说简直是前途一片黑暗。从 1840 年起，食尸蝇曾被人们认为已经灭绝。然而在 2009 年，一位西班牙摄影师胡里奥·维尔杜拍到一张彩色苍蝇的照片，从照片上他猜测，那只苍蝇来自热带。然而马德里大学的研究员认出了这种失踪很久的昆虫，由此人们可以将这一种群从已灭绝动物名单中删去了。

既然我们之前已经提到，乌鸦好比是北部地区的食腐秃鹫，那么我们也应该来聊一下秃鹫本身。因为一直会有西域秃鹫飞过德国，寻找动物的死尸。在网络平台 club300 上（译者注：club300 为德国一个鸟类观察爱好者的分享平台，网址为 www.club300.de），每年都会有鸟类爱好者上传他们观察到的这些稀客。不过，就算他们真的拍到了些什么，大部分肯定也只是本地的鸟类，而不是这些短暂的访客。西域秃鹫也如同食尸蝇一样，在很多地方都被认为已经灭绝。

* * *

至此，我们只观察了较大的哺乳动物，它们的尸体在通常情况下会被谨慎地处理，而一些较小的动物尸体就不会有如此待遇，所以才会出现无数小型动物的残骸，比如老鼠。如果我们站在田野中眺望，甚至能发现比大型动物更多的残骸，在每平方公里的土地上，就有 10 万只啮齿动物在混战，而它们的平均寿命只有 4 到 5 个月。幼鼠在出生两周之后就有生育能力，再过两周就又能生出大约 10 只幼鼠。

假设在植物生长期，每一对老鼠经过五代生出 10 只幼鼠，那么在极端情况下，每平方公里将会有 10 万只老鼠（或者说 5 万对老鼠），而后再生出 250 万只幼鼠——当然不会同时存在，因为它们中的大部分会死于疾病或者被吃掉。按此计算，一个季节中的老鼠死亡后，会有 250 万的尸体重新出现，按照平均一只老鼠重 30 克，这些尸体总计可达 75 吨重，这相当于 3000 头狍子的总重量。如果这些尸体没有被普通鵟、狐狸或是猫全部吃光的话，还是会剩下很多，留给别的进食者。

进食者之一是一种漂亮的带着黑色橙色条纹的甲虫，它的名字非常直观：掘墓人（译者注：此为中文直译。此昆虫学名为埋葬虫，也称葬甲虫）。我在森林里散步的时候经常会碰见这种甲虫——它们太引人注目了，绝对不会被忽视。这类甲虫的成虫会捕食一些其他的昆虫，但也会被新鲜尸体散发出的香味所吸引。

这种甲虫除了将老鼠尸体当作一顿极有营养的美餐外，还能把它们作为抚育幼虫的场所。通常雄性甲虫先占据了猎物，朝着空中高高翘起臂部表示胜利，并且分泌一种特殊香味，以此来吸引异性，目的当然只有一个：交媾。然而这种香味的信息也会传递到飞来飞去的敌人那里，于是就有了一场激烈的争斗，而被打败的一方必须离开。于是当雌性甲虫出现时，所有的工作就开始了。它们孜孜不倦地在老鼠的尸体底部挖掘，再撕扯掉老鼠的毛皮，同时咬断大片毛发，将尸体用厚厚的一层口水包裹起来。这样听起来并不美味，但是这能帮助它们把食物更好地向下移动。这样，动物的死尸就能缓慢地下沉，最后从地表消失，以此甲虫也将它们的食物保护了起来，以免被其他食腐动物偷去。

然而甲虫的这一工作经常被打断，因为它们的配偶想要交配。经过甲虫的一番撕扯与推拉之后，老鼠已经面目全非，变成了一个长形的肉球。而雌性甲虫会开始在这肉球边产卵。同其他昆虫不同的是，当幼虫破茧而出后，成虫不会离开它们。幼虫的口器还咬不动肉，所以它们的母亲会给它们喂食。那些幼虫就像鸟巢里的小鸟一样高高抬起头，等待食物。

此外，产卵后的雌性甲虫还会出现一些变化。正如乌尔姆大学的研究员在《德国之声》中报道过的：雌性甲虫失去了交配的兴致。不仅如此，即使有雄性甲虫靠近它们，也无济于事，因为它们已经失去产卵能力。然而这样的情况只出现在它的孩子们无一缺损的时候。一旦有几只幼虫不在了（比如死去或是被其他动物吃掉），那些雌性甲虫又会恢复交配的兴致。雄性甲虫会立马发现这一变化，全部从窝里出动。科学家能观察到将近 300 对甲虫在交配——比它们刚刚获得老鼠尸体的时候还要多。很快它们就产下更多的虫卵，以弥补死去的那些。由于太多的幼虫要破茧而出，母虫只能采取极端的筛选做法，即杀死那些多余的幼虫。

如果熊和狼（或者像掘墓人那样的昆虫）都没有光顾那些动物死尸，那么就轮到更小型的昆虫了。丽蝇就是第一批大部队。在我们德国就有超过 40 种苍蝇会被死去的尸体深深吸引，而那些死尸的肉不能发臭得太厉害；丽蝇还是更喜欢待在比较新鲜的尸体上。如果您哪次在夏天将烤好的肉排留在了盘子中，那么几分钟后这些苍蝇就会不请自来。

这类表面蓝色带有光泽的丽蝇，很好地说明了，被它们叮上的肉有多新鲜。几年前我在一个炎热的夏天发现一头狍子，摔倒在一片树丛中。那头狍子的后背受了重伤，而伤口处已经覆盖了数百只肥硕的白色蝇蛆——丽蝇的幼体。最后我带着沉重的心情，将那头狍子从苦难中解救了出来。

还有一些种类的苍蝇，比如蟾蜍绿蝇，会攻击完全健康的动物。它们在蟾蜍的表皮上产卵，然后破茧而出的幼蝇爬进蟾蜍的鼻孔，开始从内部啃食它们宿主的头。由此，那些蟾蜍在最终死亡前，有一小段时间就像僵尸一样到处乱爬。

通常情况下，丽蝇是第一批光顾新鲜死尸的食腐动物。上百只丽蝇产下上千个蝇卵，并且喜欢产在敞开口的位置，比如眼睛上。由此，那些快速长肥的幼蝇能迅速地传遍整个尸体，并且将尸体牢牢盖住，使其他昆虫几乎毫无机会找到可以产卵的空余位置。食尸蝇只能居于其后，满足于剩下的残渣或者骨头。

或许有一种可能性，可以帮助无数靠大型动物死尸生存的生物种群：人们至少应当将那些鹿和野猪的死尸留在国家公园里。但是通常那里还是会有人捕猎，而护林人员最终会将猎物的尸体运走。在这些公园里，人们应该将自然发展放在首要位置，而动物死尸也属于自然发展的一部分。

我们自己很少能看到红头食尸蝇，因为它们大部分只出现在寒冷的夜晚。或许对我们来说也是个好消息，这一生态系统再次给那些奇怪的生物生存的机会。

至于夜晚，昆虫王国的另外一部分代表虽然还是喜欢黑暗的环境，但也会点亮一盏灯。这可能是为了爱、阴谋，或者有时是残忍的死亡。

第八章

点亮灯！

Spot on!

阳光在自然中扮演了很重要的角色，归根结底，
这个星球上几乎所有生物，
都是依靠太阳能转化的能量来维系生命的。

阳光在自然中扮演了很重要的角色，归根结底，这个星球上几乎所有生物，都是依靠太阳能转化的能量来维系生命的。植物通过光合作用产生的糖分，是它们生存所必需的养料，同时也间接地补给了动物和人类。毋庸置疑，自然中的所有植物，都会尽可能地争夺每一丝阳光，也就是每一丁点能源。树木的存在就是一个最好的证明：为了在与草本植物和灌木的竞争中脱颖而出，它们需要长得足够高。

一棵树要长出粗壮的树干和繁茂的树冠，需要消耗很多能源：一棵成年的山毛榉蕴藏了 10 吨木材，所含的能源价值相当于 4200 万卡路里的能量。我们可以比较一下：一个人平均一天需要 2500 到 3000 大卡（1 大卡等于 1000 卡）的食物能量。也就是说，一棵成年山毛榉蕴含的能量，可以提供一个人超过 40 年的食物能量——假如我们人类的肠胃可以消化树木的话。这也就难怪，树木为什么都必须存活很久，因为它们需要花费数十年，才能积攒出那么多的能量。

森林的生态系统就像一个巨大的能源储存装置。不仅如此，阳光的重要性还体现在其他方面。太阳的高能波长能对视网膜产生刺激，从而将这种刺激转化成可见的信息。大部分动物进化出视觉，用于分析太阳光，当然前提是，周围多多少少有一些光的存在。然而，将近 97% 的阳光被大树的树冠挡在外面。除此之外，还存在另一个问题：生物必须借助光来看见物体，而一天内有一半的时间是黑夜，那就几乎一点光都没有了。只有微弱的星光，以及月圆时稍强一点的月光，才能稍稍缓解一下夜晚的一片漆黑。但如果经常出现阴云密布的天气，那就完全暗无天日了。那么，为什么这种不利的局面不能得到改善呢？

尽管这一章的标题是“点亮灯！”，但某些植物和动物还是更加遵从“熄灭灯！”的原则。出于各种不同的原因，它们必须在夜晚活动。比如有些花只在夜晚开放，因为它们想要避开竞争者。白天有无数草本植物、灌木以及树，用尽各种方法，来吸引昆虫的注意，使其为自己授粉。可是蜜蜂采集花粉的数量有限，而植物又长得非常密集，所以总有一些花朵两手空空，得不到花粉。为了避免这种情况，所有花朵都争奇斗艳。此外植物还会释放出香味。我们觉得好闻的花香，昆虫也同样喜欢，因为这就像给它们一个信号，这里有美味的花蜜。

一部分植物在白天并不参与这一视觉和嗅觉交织而成的多彩“合唱团”，而是将开花时间推迟到夜晚。它们的名字就显示了这一点，比如夜来香，或是月光花。当太阳下山后，大部分花朵都关上了“店门”，而白天激烈的竞争也落下帷幕。此刻昆虫可以完全集中在小部分的花蜜“供应商”那里。可惜不巧的是，蜜蜂也同大部分花一样，进入了休息状态，它们早就回到蜂巢，开始处理白天的战果，在储存蜂蜜的过程中，度过它们的夜晚时光。

但还是有一些在夜间活动的昆虫，比如蛾子。我不是很喜欢它们，因为它们令我回想起不愉快的经历——我们家人也一样，有足够理由不喜欢它们。几年前，我们有一次从瑞典度假回到家中，当我们从车上卸下行李放好，终于可以在沙发上坐下时，我发现有几只小飞虫围绕着我们飞来飞去。我当时就有一种不好的预感，带着这种预感我掀开了我们家羊毛地毯的一角。天哪！我顿时发现几千只虫卵，还有恶心的蛾子，像雪花一样在房间里四处纷飞。我迅速将地毯卷起来，扔进车库；回到家中我还是禁不住打了一阵冷战；直到今天，只要一提及羊毛地毯，那天的画面还是会清晰地浮现在我眼前。

由此，我更愿意称那些夜行的蝶类昆虫为“夜行鳞翅类”，在中欧所有蝶类昆虫中，有四分之三属于这一类。好吧，它们看起来不如那些白天出没的同类那么五彩绚丽，但这样的外形有着它们存在的道理。那些日行的蝶类将它们彩色的身躯作为带给同类的一种信号，或是用以躲避敌人。而夜行鳞翅类却使用完全不同的战术，对它们来说逃命才是首要任务，它们必须尽可能不显露自身，并且尽量融入周围的环境中。所以这些小飞虫在白天的时候会躲藏在树皮的某个角落，在那里它们可以避免被鸟儿发现并吃掉的命运。

到了晚上夜行鳞翅类不再受到鸟儿的威胁，这对它们十分有利，因为它们可以在那些夜间开放的花朵上尽情享用花蜜。虽然这黑暗的几个小时在自然界中并不十分受欢迎，但是能投身其中也是件很美好的事情。而这种夜间互动的关系已经存在数百万年了，所以即使有猎捕者也选择这种昼伏夜出的生活方式，也就不足为奇。

而这猎捕者之一就是蝙蝠，它们会在温暖的季节里捕食鳞翅类昆虫。由于夜晚缺乏光线，蝙蝠会利用超声波来探寻和锁定它们的猎物。我觉得蝙蝠很有可能是借助它们的叫喊声，以及从猎物那里反射回来的声波，在脑子里形成具体的猎物影像，也就相当于“看见”猎物。

科学家断定，那些夜行猎捕者可以通过反射的回声，清楚地判断出，在它们面前的是谁或者什么东西。一片落叶同一片蝴蝶的翅膀会显现出不同的声波模式。哪怕是一根只有 0.05 毫米粗的丝线也能被猎捕者感知到。很可能这些动物能比我们通过眼睛“看到”更多周边的细节。说到底我们人类用眼睛看事物，也不外乎就是接收由物体反射回来的光波，只不过我们借助的是光波而不是声波；而蝙蝠则需要不停地叫喊，来实现看到物体的目的。

然而蝙蝠不会像我们在山谷中制造出回声那样，慢慢地发出叫喊声，而是会发出非常紧密的一长串声音，每秒能产生将近 100 个音素。关键词是音素：蝙蝠的声音高度能达到 130 分贝，如果我们能听到的话，这已经接近我们的疼痛阈值了。然而与低音不同的是，超高的音调会很快湮没在空气中，我们在 100 米开外就几乎什么都听不到了，更不要说在夏天的夜晚，森林里和田野间肯定还会非常吵闹。

为了隐藏于光波反射，或者更简单地说，为了避免被看见，有些动物会使用一种能与背景颜色相融合的保护色，这同样适用于躲避声波。与周围相融合指的是，鳞翅类昆虫尽量不反射回声。想知道它们如何做到这一点，您可以在山谷里做个试验。

如果周围一圈山坡都没有树木的话，您的叫喊声是可以很清楚地反射回来的。而相反，如果周围一排连着一排紧密地种植着树木，那么只有在特殊情况下，您才能听到回音，因为树干和树冠吞没了声音。为了能利用这一效果，夜行鳞翅类昆虫自身生出一个微型树林。它们的身体就像披了一件毛皮大衣，而通过这些“毛发”，声波不再被清楚地反射回去，而是被分散至各个不同的方向，由此蝙蝠也就无法获得清楚的图像。然而这一效果不是特别强，所以昆虫还必须使用其他技巧，来提高幸免于难的概率。

在夜行鳞翅类昆虫与蝙蝠之间，存在着一场真正的较量，包括一些蝴蝶也参与其中。它们有听到超级高音调的能力——超级高音调正是超声波。蝙蝠在捕猎时能发出的最高音处于212 千赫兹。做个比较：人类对于超过 20 千赫兹的声波就已经听不到了。

大部分的夜行鳞翅类昆虫可以比我们听到更高的音调，但听到的一些音调还达不到蝙蝠发出的频率。结果就是：鳞翅类昆虫听不到蝙蝠发出的威胁，因为蝙蝠的翅膀几乎不发出声响，所以鳞翅类昆虫对于蝙蝠的袭击毫无防备。

然而，正如利兹大学汉纳·莫伊尔博士的研究团队所报道的，上面的说法显然并不适用于所有鳞翅类昆虫。大蜡螟（一种鳞翅目的蛾类）可以定位到 300 千赫兹的声音，算是动物界的最高纪录了。然而蛾子耳朵的构造却极其简单，只由一层薄膜组成，薄膜上仅仅连接了四个毛细胞。（让我们做个对比：在我们的耳朵里除了其他组织，仅仅用于将声音转换为神经刺激的毛细胞，就有 2 万个。）

莫伊尔博士和她的同事指出，蛾子在这一点上大概是过于超前了，因为如果蝙蝠无法发出超过 200 千赫兹的频率的话，为什么蛾子要进化出比需求高那么多的能力呢？而且蝙蝠应该也不会再进化到能发出更高的频率了，因为发出比目前更高的频率也不合适，这会很大程度地受到空气的抑止，而不会给定位回声带来多少帮助。

那么究竟为什么蜡螟会进化出如此非凡的能力呢？研究人员猜测，这一鳞翅类昆虫有可能有其他的用意。因为它们的相互交流也是通过高频，比如说寻找配偶。虽然它们爱的歌声也会触及蝙蝠的定位范围，但是它们简单的耳朵构造越敏感，就越能将紧随其后的信号快速有效地区分开——速度比蝴蝶类昆虫快六倍。由此蛾子可以不受干扰地互相调情，同时它们也能清楚明确地听到劲敌的搜寻声，可能的话这一能力还能将它们带离危险。

蜡螟并不是唯一一种武装起来就可以对付蝙蝠的昆虫。有些夜行鳞翅类会产生一些干扰的响声，来介入蝙蝠的定位系统。那是一些在超声波范围内的类似于点击鼠标的声响，它会给飞来飞去的追捕者造成干扰——鳞翅类昆虫便可以趁机消失在雷达图上的一片噪音里。而属于灯蛾科的一种棕色的蛾子，会发出可怕的喧嚣声，使蝙蝠伤神而转身离去。

那么如果鳞翅类昆虫被它们的敌人听见了，它们如何寻求急救措施呢？蝙蝠的飞行速度远远比它们快，飞行操控性也更强。那么当危险靠近时，它们就只有一种简单的防御方式：能听得见超声波的鳞翅类昆虫，一旦进入搜索音区内，就被吓得跌落到地上。而在草丛中，蝙蝠几乎不可能再搜寻到它们的猎物。而蝙蝠在一整夜里总能找到食物——到处都有不小心的鳞翅类昆虫以及蚊子，可以让蝙蝠吃掉将近自身体重一半重的昆虫（如果全是蚊子的话可以有将近 4000 只）。

* * *

猎捕者与被猎捕者生存在一个相互制约的系统里，在那里它们各自都有生存的机会。不过这一系统还是会被人造光源所干扰。在大自然中，夜间只存在一个最重要的天然光源：月亮。当月亮高高挂在天空，它就是动物们的航标，此外它还像一个指南针。每当鳞翅类昆虫在夜晚出没，做直线飞行时，它们都会注意到，月亮一直处在飞行轨迹的某一个角度。之前的飞行都毫无问题，直到这些小飞虫的面前出现一盏人造灯。

灯这种物体在自然中从未有过，所以昆虫会将其当成月亮。而后它们会以这个“月亮”为参照——比如说月亮应该一直都待在左侧——半信半疑地继续飞行。如果是真正的月亮，那完全没有问题，因为月亮距离它们几乎是无穷尽的遥远。然而近距离的灯会导致虫子飞过灯泡，而灯源却突然变到它们身后。虫子必须不断地修正路线，而这直接导致它们的飞行轨迹变得越来越窄。最终这一鳞翅类小飞虫还是一头撞上了灯泡。为了摆脱这一窘境，它们总是不停地做出新的尝试，但是这样的尝试总是不成功。

一部分鳞翅类昆虫死于疲劳，而另一部分也期待能快点从这一困境中解脱。与此同时，许多蝙蝠成了专家，它们会专门盯着沿街的路灯，进行巡逻。在那里，它们只需一盏接着一盏地核查路灯，看看上面是否有被人工月亮误导的蛾子，通常它们这样很快就能填饱肚子。到了晚上，一旦用来遮光的百叶窗没有放下，房间里就会变得像小型戏剧的现场。我和我的太太就曾经观察到这样的情形：当我们舒服地坐在客厅沙发上看电影的时候，一些蛾子就会聚集在客厅的百叶窗上。偶尔会很快地出现一只蝙蝠，然后那些蛾子就不见了。

还有其他一系列的昆虫，也会被人造光源所迷惑。它们同蛾子差不多，会着魔般地被花园里的灯泡吸引。那些灯看起来很环保，灯的顶端有一个太阳能电池——很好，这样一来，灯的耗电量非常小，以至于那盏灯可以整夜通亮，这最让蜘蛛高兴了，它们可以整夜顺利地在此地结网。如果这种情况持续很长时间，那么它将改变灯泡周围的小型生态系统，因为有一部分昆虫消失了（其实是被蜘蛛吞食了）。在只有孤零零一盏灯的情况下，这些变化还不足为谈，但是如果在我们的居住区内有上千盏灯，那么就会给生态系统带来一些影响。

然而早在人类发明灯泡之前，就有了其他的光源。在温暖的夏季夜晚，几千只小小的绿色灯泡，会在树林边缘或是树丛中发出微光——它们就是萤火虫，可以在黑夜里显示自己的能力。虽然它们发出的光，还不到一支点亮的蜡烛千分之一的亮度，但是它们将能源转换成光能的效率却是独一无二的。人类最好的科技可以实现将电能以 85% 的效率转化成光能，而萤火虫的这一效率却能达到 95%。它们也离不开这种节能的方式，因为成年的萤火虫什么都不吃——至少大部分情况下是如此（小部分也会有一些残忍的举动，但这是后话了）。

其实萤火虫发出的光应当是红色的，因为这一场自然灯光秀的目的是为了示爱。我们德国这里最常见的是小萤火虫，在地上点亮小灯的，都是雌性萤火虫。大众口中对这类昆虫的叫法是“闪光蠕虫”，那是对夜间看到的成年萤火虫的一种直观描述。雌性萤火虫不会飞，它们只有一对萎缩的翅膀残体。雌性萤火虫淡黄色的腹部使它们看起来的确就像一条蠕虫，而它们的身体在灯光设备下已经被忽略了。

那些雌性萤火虫看到雄性同伴的灯光后，才会亮起它们的灯。雄性萤火虫则会飞来飞去，寻找配偶。在它们的后两节躯体中有一个透明的甲壳，透过这一层甲壳它们可以向下射出光线。由此它们不会将自己暴露在飞过头顶的敌人面前，并且可以同时向下传递一个信号：“快来看，我是个强壮的大块头。”一旦某个意中人接收到这一信号，它也会亮起灯，来要求这一拈花惹草的大块头立马降落下来。于是它们开始交配并产下虫卵。那些破茧而出的幼虫非常馋，它们喜欢食用蜗牛，而且可以吞下超过自己体重 15 倍的食物。蜗牛会先被它们咬死，然后被慢慢地蚕食。在这个过程中，萤火虫的幼虫会撑长身子到几乎爆裂。它们吃撑之后，必须先打个盹儿。而吃进去的食量大小，决定了它们要休息多久，这一消化的时间有可能会持续好几天。

通常萤火虫从幼虫长到性成熟的年纪，根据不同的种类，需要大约三年。由此可见，它们口语化的名称还是很贴切的，因为发光的成虫只能活几天：雄性萤火虫在交配之后很快就会死去，而雌性萤火虫则在产卵后就立刻死亡。所以“闪光”很恰当地表达了它们在生命最后一刻发光发亮，并且以高潮来终结的意思。至少如果一切都按照计划进行，那么它们的生命会有这样绚烂的结局。然而很可惜，在大自然中总会有事与愿违的时候。

这种和平的用于示爱的灯光，也会被其他一些出于自己目的的物种滥用。在新西兰和澳大利亚，就有这样一种南光虫，它们的幼虫同样会发光。它们待在洞穴中，并且聚集在一起，悬挂在洞穴顶上。洞里必须无风而且黑暗——这是它们选择待在洞穴里的最重要的原因。在那里，那些幼虫吐出长长的黏稠的丝，上面带有水滴状的物质，并且能够发光。由此会带来一大片壮美的景观，以至于有南光虫的洞穴都会变成旅游景区。被吸引来的不仅仅是买了门票的游客，还有一些昆虫，它们大概是误将这些闪光的小水滴当作星辰。这些昆虫误以为飞到了空旷的大气中，没想到却被黏糊糊的丝线缠绕进去，最终被饥饿的南光虫的幼虫吞食了。研究者发现，这些幼虫越饥饿，它们发出的光就越强。

还有一种北美萤火虫（Photuris 属），使用的伎俩更加卑鄙。萤火虫进化出不同的技巧，借助光来吸引配偶的注意力。毕竟它们种类数量众多，如果每一种都只靠发光，很容易在求偶时搞错对象。所以它们之间出现了一种摩斯码，那是一种闪光信号，其频率和周期只能吸引同种类的萤火虫。在它们看来，人类使用的摩斯码太原始了：只有开或关、长或短的区别，对它们来说太少。而它们的摩斯码可以每秒有将近 40 个光脉冲，还能变化出不同的光线强度，表现出极其丰富的信号多样性。这样它们才能利用有趣的闪烁信号，来找到它们短暂生命里的另一半。然而北美萤火虫不属于此范围内。

雌性北美萤火虫会模仿其他种群的闪烁信号，来吸引它们的雄性同伴，而其他种群的雄性萤火虫也会急匆匆地飞来。飞达地面后，迎接它们的并非一场艳遇，而是雌性北美萤火虫贪婪的吞噬。雌性北美萤火虫需要雄性萤火虫，不仅是用来当作一顿美餐，而且是为了其身上所含的毒素，这些毒素能保护它们免受蜘蛛的侵食，因为蜘蛛也同样会欣然接受这闪烁信号的邀请，但目的并不是求偶，而是为了赴宴。

此外，这种利用光来吸引猎物的方法不仅仅局限于昆虫之中。有一种叫深海钓鮟鱇的鱼，正如它的名字所说，这种鱼自带一个钓钩。钓钩连着一个发光体，会在鱼的头上以及嘴巴前摇摆不定，而它们嘴里分布着一排像针一样细，又像刀一样锋利的牙齿。它们头上的光源会魔力般地吸引其他鱼类，而之后会发生什么，你也可以想象得到。

＊＊＊

人工捕鱼时利用灯光，也是为了达到类似的效果，比如在日本，人们就大量使用这种方法。灯光在陆地上以及在水底下都极具吸引力。在此我们重新讲回人类照亮自然所带来的问题。如果我们看一眼黑夜下的地球表面，就会惊讶地发现，有多少土地已经被人工照明所覆盖。想知道您所居住的区域光污染是否严重，您可以在夜晚踏入家门之前，简单地做个评估。在一个晴朗的夜晚，您能不能看到天上的银河？如果您完全不知道它长什么样子，那么您住的地方周围肯定到处都是人造的光源。因为在相应的条件下，您不可能看不见这条壮观的星河。

而且，空气污染物会导致光粒子发散，因此可视度也进一步受到了妨害，以至于我们用肉眼能看到的星星数量从 3000 颗下降到了 50 颗以下。而萤火虫发出的那些微弱的亮光，不也类似于天上微弱的星光吗？人工照明越多，就越会刺激到上文提及的那些昆虫，而它们就越不容易靠自身产生出光亮。

这一刺激可能会是致命的。当海水被月亮照得明亮，那些刚出生的小海龟就可以根据海浪冲击所泛起的亮闪闪的波浪来判断方向。而它们刚刚从沙子底下探出脑袋，就必须快速地朝着躲避捕猎者的方向爬去。只可惜，海滩旁边是一条敞亮的海滨步行道，或者一个海滨酒店。于是这些小海龟错误地爬向那些人造光源，也就离海水这片安全地带越来越远。不用奇怪为什么第二天，许多小海龟会沦为海鸥的牺牲品，或者由于精疲力竭而死亡。

一些自然现象也由于电力照明而发生改变。以前，在晴朗的天气，夜空会格外明亮——那很合乎逻辑，毕竟月亮和星星可以将它们的亮光，不受任何阻挡地射向地面。过了几分钟后，当我们的眼睛适应了黑暗的环境，我们就可以很容易地在一片空地上散步。而如今哪怕是在多云的天气下，我们也照样能做到，那在以前就是深不见底的一片漆黑。因为云层将城市里的灯光反射到很远的郊区，强迫地提供了人和动物都不需要的亮光。有谁会愿意在开着灯的地方入睡呢?

不错，人工照明给人类也带来了负面的影响。我们体内都有一部生物钟，它依靠阳光来自我调节。非常重要的一点是:其中蓝色光的部分，可以判定我们处于清醒还是疲劳的状态。在我们的眼睛里存在一种叫作“黑视素”的感光色素。当它遇到蓝色光时，会给大脑发出一个信号：现在是白天。正常情况下它能很好地运作，因为晚上太阳下山后，光谱会转移到红光，致使我们自动就会感觉疲劳。

很可惜的是，我们晚上并没有上床睡觉，而是去看电视了，而电视闪烁的影像中含有非常多的蓝光。所以也就不奇怪，为什么许多人饱受睡不好觉的困扰——我们的身体细胞在电视机前被调节成高度兴奋模式，而非夜间休息模式。智能手机的制造商试图解决这一问题，他们将手机屏幕从某个时间点开始设置成夜间模式，以此使用户在上网和聊天的时候会感觉到疲劳。

那么动物呢？人们又将怎样帮助那些被迫在夜间得到照明的可怜的动物呢？至少您能为它们提供一些缓解这一困扰的措施：在家里您可以在夜间放下窗帘——这样一大部分光源就已经被遮挡了。此外花园里的灯不需要整夜都亮着；我们在自家森林小屋门前的通道处，安装了声控的路灯，那样路灯就只有在需要时才会亮一小段时间。

最大一部分的夜间照明，还是来自于路灯。大部分路灯都照射出橘红色的光，这一波段非常容易被云层反射，所以更加重了前面提到的问题。因此，当白色日光灯被现代的节能钠灯所取代的时候，我自己都有很长一段时间感到欢欣鼓舞。那时候我就发现，云层底部被照射得日益变红，以至于在有些夜晚，我顺着发光的云朵望去，连 40 公里外的波恩，都依稀可见。我将夜晚变得更亮的事实，归因于城市的不断扩张，而不是灯泡的改革。那么现在情况又如何呢？如今灯泡又经历了一次改革，变成了LED灯，消耗的能源更少。如果这种LED灯能够更好地聚光，也就是只向下照明（用在真正需要的地方），并且人们能在后半夜将灯关掉的话，那样才算是解决了大部分的问题。

相较于夜晚还存在许多有待改进的需求，白天在阳光底下，我们已经获得许多可喜的有利于环境保护的成果，这些都能从天空中得知。如今在秋季，空中会出现壮观的大部队鹤群，而它们在不久的将来会影响西班牙的火腿产量。

第九章

被破坏的火腿生产

Sabotaged ham production

对大自然感同身受，
才是对大自然最好的保护。

对我来说，一年当中最值得期待的是秋季，或者更准确地说，我最期待的是鹤群的到来。鹤群在迁徙中发出的鸣叫声如号角般响亮，在它们飞行的数公里沿途，人们都可以清楚地听到，而我有时甚至可以隔着客厅里关闭的窗户，听见遥远的地方传来的鹤鸣声。由于我们德国在环境保护方面做的各种改善，比如湿地的恢复与重建，鹤的数量在过去的几十年中有了明显的增长，时至今日，它们才慢慢摆脱了濒危的处境。在它们迁徙的季节，连续数日，一个接一个的飞行编队会飞过我们森林管理处的上空，有时它们会飞得非常低，以至于我们可以清楚地听到它们的“窃窃私语”。

究竟是什么驱使这些鸟儿在季节交替时不辞辛劳地远赴他乡呢？而它们又是如何找到正确的飞行路径的呢？鸟类的迁徙

是全世界范围内的普遍现象，全球总共有大约五百亿鸟儿参与其中。我们也经常会看到大量鸟儿正在迁移，因为总有那么一个地方正在发生着季节的交替，可能是从夏季进入秋季，或是从冬季进入春季，抑或是从雨季进入旱季。而这些交替也给当地带来营养基础的变化。

当埃菲尔山脉的群山开始慢慢结霜时，所有的昆虫都为冬眠做好了准备。它们会深深地潜藏于地下，或者隐藏于大树的树皮之下；还有一类昆虫会躲入森林红蚂蚁那温暖的蚁丘中，舒适地度过严冬。而鸟类基本无法再捕捉到这些已经躲进避难所的小家伙。被当作猎物的其他一些小型动物也都藏匿起来，因此这些鸟类失去了食物来源，不得不开启向更温暖、营养更充沛的地区飞行的旅程。

大部分科学家认为，鸟类这种季节性迁移的习性，根植于它们的基因中。这观点在我听来无异于：这些会飞的动物们类似于一种生物机器人。它们在出生时被植入了预设的程序和代码，然后它们需要做的，只是按照程序毫无主见地飞来飞去。

然而这个“主见”很显然是客观存在的，这一点也已经由爱沙尼亚的科学家卡列夫·塞普与他的同事艾娃·莱托发现并得到证明。这两位科学家从 1999 年开始多次放飞大量的本土鹤群，然后对它们的迁徙路径加以追踪。出乎他们意料的是：在实验的几年中，这些鹤群先后变换了三条可行的迁徙路径。而这一发现明确地反驳了“基因决定了鸟儿的迁徙路径”这个传统观点。而另一个传统的说法——鸟儿从它们的父辈那里学习路径——也被排除了。以这个实验为基础，塞普认为，在鹤群中，鸟儿们似乎会互相交流信息，比如哪里更适合繁衍后代，或者哪里的营养蕴藏量更高。以此为出发点，我们可以慢慢地讲回这一章节的标题。

鹤群会互相协商后集结在某些特殊的地点，而它们的这一行为竟然影响了火腿的生产。当然，只是间接地影响，因为鸟儿对猪肉真的一点儿兴趣都没有。鹤群非常乐意集结在西班牙和葡萄牙，因为那里有一样非常特殊的美味在等着它们——橡子（即栎树的果实）。而其中最令鹤群神往的集结地，是位于西班牙埃斯特雷马杜拉自治区的冬青栎林，在那里这美味遍地都是。这也就不奇怪，为什么鹤群，当然也包括从我们森林管理处上空飞过的那些鸟群，会选择那个地方作为过冬的目的地，因为对于它们来说，那里就是天堂。在那里它们可以享受美食，休养生息，并且舒适地度过一年中最寒冷的时期。但是埃斯特雷马杜拉的部分居民，也就是当地的农民，要保护这一“上天的恩赐”，因为他们要用橡子来给他们的猪催肥。

这些猪就是非常著名的伊比利亚黑猪，而以它们为原料生产出的就是吃橡子长大的猪的火腿，也就是伊比利亚橡子火腿。大部分的伊比利亚黑猪是通过天然有机的方式饲养的：它们会有一段时间生活在冬青栎林中并以草本植物（大约占到它们营养摄入量的二分之一）以及橡子为食。这和中欧早期养殖黑猪的方式很相似：黑猪在秋季被赶入树林中，在那里它们大量地食用橡子和山毛榉坚果，吃得又肥又胖——那时人们的目标就是肥肉。也是从那个年代兴起了一个概念：“肥育之年”。这概念指的是，橡子和山毛榉坚果的产量特别高的那段时间。这样的时间段每三到五年出现一次。

让我们说回埃斯特雷马杜拉：这里有大片的冬青栎，而冬青栎是原始森林的重要组成部分。在伊比利亚半岛几千年的文明历史中，大部分的森林已经随着文明的发展被开垦开发。人们在原来的土地上栽培了很多外来的树种，当地的自然风貌也因此发生了很大的改变。在针叶林旁出现了越来越多的桉树种植园。桉树生长的速度非常快，比当地原生的栎木要快出很多，人们因此大量移植桉树来优化木材的产量。大量的外来树种对于原有的生态系统是个灾难，尤其是桉树类的植物，它们对于环境保护来说就是绿色的沙漠。桉树那芳香的树油（生产润喉糖的原料，能够给人带来清凉口感）是森林火灾次数爆发式增长的主要原因。南欧与森林火灾——听起来就像是紧密联系在一起的一对伙伴。但在桉树被移入之前，完全不是这个样子。在自然情况下，阔叶林中完全不会发生火灾，也没人会将火灾与南欧的生态系统联系到一起。

目前存活下来的冬青栎林已经变得越来越重要，尽管它们当中大部分不是自然生长，而是出自当地农民的援手。如今农民植树的动力不再只是收获木材，更是为了获取能够用于喂养黑猪的橡子。而这时，鹤群出现了。对当地农民来说，如果鹤群只吃掉一小部分果实，那么麻烦还不是很大。最大的问题是，这里究竟迁徙来多少鸟儿？鹤群的数量在过去几十年间有了喜人的增长。根据环境保护组织世界自然基金会（WWF）给出的数据，在20世纪60年代，德国境内仅仅存有大约600对鹤，到目前为止，这数字已经增加到超过8000对。在整个鹤群迁徙的区域，包括欧洲北部和亚洲北部大部分地区，对鹤数量的最新预估为30万只。而这其中越来越多的鹤群会向西班牙方向迁徙。

现在事实已经很清楚了，对于伊比利亚黑猪，或者说对于伊比利亚橡子火腿的生产来说，可用的天然饲料越来越少。这让人们陷入了一个道德上的困境：黑猪饲养业激励着当地居民去维护冬青栎林，而冬青栎林却为鹤群带来重要的过冬粮食。但是如果黑猪饲养变得不再吸引人，那么起码一部分人保护冬青栎林的积极性就会大打折扣。

对于这种进退两难的处境，我们究竟有没有出路呢？我想是有的，而且解决办法听起来也非常简单：在西班牙与葡萄牙种植更多的阔叶林，这样对大家都有好处。当然，冬青栎的生长速度与桉树或者松树相比，确实逊色很多，而且它们也不那么容易被机械加工成型。但是它们毕竟也产出了一定数量的宝贵木材，同时还提供给人们所期望的黑猪饲料，而这是其他经济树种无法提供的。此外，森林火灾的发生率会明显降低，而且对其他物种来说，生态系统也会重新恢复吸引力，因为很多生物需要栎木林，比如那些我们还完全没有介绍到的松鼠、松鸦以及其他几千种动物和植物。

当然，在民主的框架下，我们不能简单地通过一条法令来强制增加某一树种的种植面积，但是一定的国家补贴（我个人对除此之外其他类型的补贴政策并不推荐）应该是个不错的方式。我们可以看到，国家对工业化大批量动物养殖的补贴十分可观，既然如此，为了黑猪与鹤能和平相处而出点力，应该也没什么问题。因为归根结底，并不是鸟类数量的增长为生态系统增加了更多的负担，而是存活的栎木林面积太小，导致矛盾的激化。如果真有那么一天，冬青栎的面积扩大很多，又会发生什么呢？难道鹤群的数量不会爆发性增长吗？不，这种情况并不会发生。因为鹤群的数量与湿地面积息息相关，而对它们繁衍生息极其重要的湿地，在欧洲的面积也在不断减少。也就是说，总有一天，鹤群数量会达到饱和而停止增长。

如果我们人类减少一点对自然的占有欲，那么其他的物种就会获得足够的活动空间。从这个意义上来说，鹤可以成为一位很好的环境大使，它们翱翔的身姿和号角般的啼鸣，提醒着我们，环境保护依旧任重而道远。

* * *

当栎木林的面积继续扩大后，我们该做些什么呢？难道我们就不能持续给鹤喂食吗？关于如何保护这些鸟类朋友，我们面临一个基本的难题，这个难题与科学并没有太大的关系，而更多涉及我们的情感：这些可爱的鸟儿可以在冬天不离我们而去吗？那些没能在冬天迁徙到温暖南方的鸟儿，只能团成一团，待在树木或灌木的枝叶上瑟瑟发抖；而与此同时，我们却在温暖的小房间中，透过玻璃静静地看着它们。因为鸟类同我们人类一样，是恒温动物，所以它们必须保持较高的体温，甚至比我们人类的体温还要高一些，大约在 38 摄氏度到 42 摄氏度之间。

幸运的是，鸟类自有一套大自然馈赠的装备，那就是非常保暖的羽绒，这让它们能更容易地保持体温。羽绒的保暖效果非同凡响，不然我们也不会把它们塞到我们的冬季大衣里。另外，鸟类竖起的羽毛形成一层很厚的空气层，使身体更“蓬松”，由此产生的球形效果减小了鸟类体表面积与体积的比值，从而减少了散热。除此之外，鸟的腿部还有一个热交换机制，流向脚部的血液可以将热量传导给从脚部向上流动的血液。而这样，鸟类裸露的下肢温度基本降至 0 摄氏度。正因为如此，水鸟在冰冷的池塘划水时，它们裸露的双脚才不会感到疼痛。

然而，一个生物的体积越小，与体积相对应的相对体表面积就越大。做个对比：一头熊每千克体重所对应的皮肤比重，要远远小于一只小鸟的，所以从每千克体重来看，熊向体外散发的热量比鸟类低很多。就说那些非常小的鸟类，比如只有五克重的戴菊，在保存热量方面，就存在很大问题。戴菊的嗓音非常尖细，倒是十分适合用作听力测试——它们的声音频率非常高，以至于很多年龄超过 50 岁的人，就已经没办法听到它们的叫声了。(我目前还勉强可以听得到。)

很遗憾，戴菊这美妙的歌声对于保暖并没有起到什么实际作用，而那些通过皮肤与羽毛持续损失掉的热量，也需要不断地补充回来，不然的话，这小小歌唱家很快就会被冻死。这也就意味着，它们必须不停地进食。

当熊舒适地在它的洞穴中冬眠的时候，山雀、欧亚鸲（译者注：即知更鸟）以及其他的鸟类正不断地寻找着富含能量的食物。但遗憾的是，它们当中的大部分还是找不到足够的食物。甲壳虫和苍蝇深深地隐藏到森林地面的落叶中，或者钻进某棵倒塌大树的死木头里。与此同时，灌木的果实和草本植物的种子，不是被深深地埋进雪里，就是已经被采食干净。这也就不奇怪，为什么相当多的鸟类在它们生命的第一个年头就饿死了。欧亚鸲的平均寿命仅有 12 个月多一点，虽然这种鸟能够很容易地存活四年，甚至更久——前提是它们有足够的食物。

当您看到一个小小的已经冻僵的小羽毛团蜷缩在您花园中的时候，您会不会怜悯之心油然而生，进而产生无论如何也要帮帮这小家伙的念头？在我作为许梅尔地区森林管理员的前十五年中，曾经非常教条地认为：喂食即意味着干预，也就意味着对营养状态做出非自然的改变。当人类建造一座鸟屋并为鸟儿提供谷物和脂肪类食物时，一般只有某几种鸟类的数量会增加。这几种鸟类的幼鸟得以在冬天存活下来，然后在第二年春天这些鸟群就会变得异常壮大——损害其他那些没能到达鸟屋的鸟类。况且鸟类的出生率与它们在冬季的损失率是完美调配好的。那些幼鸟死亡率很高的鸟类，会很自然地增加产卵数量以及每个季节的产卵次数。

那么，人类真的可以就这样对鸟类进行干预吗？在很长一段时间，我对这类鸟屋持完全拒绝的态度，尽管我的孩子们多次恳求我能搭建一个鸟屋。现在回想起来，我会觉得有些遗憾。大约十年前，我慢慢开始有些心软，同意搭建这样一个鸟屋。我把鸟屋安置在厨房窗外，以便我们全家在吃早饭的时候就可以观察到它。我的妻子米丽娅姆和孩子们都兴奋异常，马上在窗户边摆放了一个望远镜和一本鸟类图鉴。

随后，一个历史性时刻伴随着一位出乎意料的“客人”到来了，那是一只中斑啄木鸟。我个人特别喜欢这类鸟，因为它们经常和老阔叶林联系在一起。然而，中斑啄木鸟现在的处境已经很危险，因为它们只有在非常古老的山毛榉林里才能舒适地生活。其中一个原因听起来非常老套：那些树龄小于200年的山毛榉，拥有非常光滑的树皮。只有那些久经岁月的古老山毛榉，才会像老人一样生出褶子和皱纹；也只有这样的古树，小啄木鸟才能在树干上找到它们的落脚点。顺带一提，这种彩色的小啄木鸟不太喜欢在树木上打洞，这点与它们的同类不同，或许因为它们在打洞的时候会头痛。

一般来说，这种小啄木鸟可能会直接使用其他鸟类弃用的旧树洞，也可能会选择树干上那些已经腐烂的部位（当它们必须亲自动手或者说动喙的时候才会在树木上打洞），因为那里的木头已经软化并易于钻洞。就是这样一只胆小而又稀有的小鸟，有一天来到我的鸟屋。在此之前，我已经基本肯定，在我负责的林区里没有这种中斑啄木鸟存活。它的出现给我带来双重的喜悦，一方面是为这类鸟，另一方面是为这片森林。这个物种的存在可以被看作一个良好生态环境的标志，而这标志竟然自己主动送上门了。自此，我一直期待着这类特殊的森林大使能再次出现，而它们也确实经常出现，因为鸟类中少有的几种会在冬季忠实地留在它们的原居住区域，而中斑啄木鸟就是其中之一。

虽然这个鸟屋给我带来了如此多的惊喜，但我还是要再一次提出之前的那个问题：人为的冬季喂食从生态角度来说是否正确？因为无论如何，它确实是改变了鸟类世界的游戏规则。这改变带来的影响到底有多严重呢？弗莱堡大学的格雷戈尔·罗尔斯豪森以及他的研究团队对此做了相应的研究。他们研究了黑顶林莺的两个不同群落。这种跟山雀差不多大的鸟类非常容易辨别：它们的翎毛是灰色的，头顶上一小片毛的颜色与身体不同，就像戴了顶帽子，雄性的毛冠颜色为黑色，而雌性的为棕色。这种鸟会在我们德国这里度过夏季，然后在秋季迁徙到更温暖的地区，比如西班牙。在那里，它们主要以浆果和水果为食，来摄取营养，而有时它们也吃些橄榄。但是从20世纪60年代起，第二条迁徙路线慢慢形成，这条路线的目的地是更加往北的英国。因为英国人是狂热的鸟类爱好者，他们把本土的鸟儿喂得非常好，以至于那些鸟群已经没有再向南迁徙的意愿了。

这条通往“小岛”的飞行路线，相较于飞往西班牙的，明显要短得多，加上英国当地的鸟类饲料和橄榄的品种与西班牙如此不同，以至于黑顶林莺原有的鸟喙形状，对于新的食物环境来说变得不那么有优势。结果就是：飞到英国的黑顶林莺中，有一部分鸟儿在过去的几十年间，开始产生一些变化，这变化同时体现在外观和基因上。它们的喙慢慢变窄变长，而翅膀则反之，慢慢变圆变短。这两个改变都是为了更好地适应鸟屋的生活环境，因为新的鸟喙形状可以使它们更方便地获取鸟屋中的种子和脂肪。它们翅膀的形状已经不再适合长途飞行，但却改善了它们的敏捷性，而这种敏捷性对于它们能在花园里做短距离的飞行是必不可少的。另外，因为这些发生改变的鸟儿与之前的种群基本不会配对，所以这里渐渐形成了一种新的鸟类——一种由于冬季喂食而产生的新类型，这正是人类对自然严重干预的一个结果。而这一干预最终会带来负面的影响吗？首先要说明的是，一个新物种的诞生的确是一件幸事。物种的多样性一直会给生态系统带来收益，而这次的收益表现为：对于环境的改变，鸟类进化出了更好的适应能力。但是，如果这些变种的鸟类重新与原有的鸟类进行交配，那么事态就会变得很严重，因为那样的话，原有的遗传基因就会被改变，以至于很有可能原有的黑顶林莺这个种群将不复存在。

这一事实，我们可以从很多人工培育的植物上得到验证，比如那些果树。基因纯粹的野苹果树或者野梨树现在已经非常少见，也有可能已经彻底绝种了。因为在人类几千年的文化历史中，水果在很长一段时间内，已经同人工培育联系在一起。对蜜蜂来说，为人工培育的果树或是野果树授粉，完全没有差别，它们也会把人工培育的水果树花粉带到野果树的花上，因此遗传因子也就混合起来，而野果树的后代也就发生了改变。总有那么一天，最后一棵纯天然的果树也会由于昆虫的叮咬而倒下，这样自然界中就只剩下混合品种的存在。基因纯粹的野果树消失了，会造成很严重的影响吗？这一点没人知道，但是最起码这对大自然来说是一个损失。如果您仔细注视任意一头牛的双眼，都有可能会从中看到原始牛的影子——可惜（从基因角度来看）那仅仅只是个轮廓。将现代牛重新变回原始基因时的模样，已经是不可能的了。而目前，只剩下一些类似于原始牛的海克牛群，还穿梭于某些自然保护区，但它们也仅仅是外观与原始牛相近的培育品种而已。

* * *

当然，对于是否应该给鸟类喂食这个问题，还存在许多其他的观点，在这里我要回到之前提及的“情感”方面。您真的很难想象，鸟儿的回归可以让人感觉到有多幸运，不只是那只中斑啄木鸟让我意识到这点，还有一只名为科克的乌鸦。我已经在我的一本名为《动物的内心生活》（*Das Seelenleben der Tiere*）的书中介绍过它。这只鸟只会在冬天出现，它的目的也很明显——觅食。我们家有两匹马——兹皮和布里吉，它们常年待在开放的牧场中，因为清新的空气十分有益于它们的健康。但现在，它们已经老态龙钟，每天只能靠进食精饲料来维持体重。刚一开始，科克会从马粪中挑拣一些没有消化掉的谷物来吃，在我看来这些根本算不上什么美味。

因此，从几年前开始，我的妻子和我经常会在拴马的横梁上面放一些谷物，这样科克就可以毫无障碍地享用干净的早餐。但是我完全忽略了一点——这只乌鸦在跟我们进行着非语言的交流。有一天，它喙里叼着橡子飞到我附近，然后将橡子藏在我面前的草丛中。然而当它看见我注意到它的时候，马上从草丛中叼起橡子，然后飞远了一小段距离。在我看来，这是为了最终能躲避我的视线，并安全地将这一美食藏起来。做完这些之后，它才再一次飞回我们这里，来领取它的谷物早餐。在之后的早餐时间，我将这一小段经历给全家讲述了一遍，我的孩子们兴高采烈地建议我，一定要把这段经历写到我那本介绍动物的书中。

人们可能会认为，在这件事情上，我的眼光应该更敏锐一些——但很遗憾我当时并没有想到更深一层。事实上，我最终还是忽略了科克的这一表示友好的行为。

这只乌鸦的行为真正引起了我的注意，是发生在简·比林赫斯特女士跟我提起一篇报道的时候。简是我的《树木的秘密生命》（*Das geheime Leben der Bäume*）一书英语版的翻译，她将此书带给了北美读者，而目前她正致力于《动物的内心生活》一书的翻译工作。为了让我的描绘与叙述，能更好地被北美读者所理解与领会，我们将一部分德语故事替换为英语环境下的类似事件。尤其对于“感恩”这一主题（动物是否有感恩之情，并且如何表达它们的感激之情），简建议我引述一则BBC的报道，这则报道讲述了一件发生在西雅图的事情。

那里生活着一位名叫加比的小女孩。在她四岁大的时候，有时会不小心将一部分食物掉落在花园里。不久，乌鸦就会毫不客气地围过来，争抢这意想不到的礼物。后来，加比慢慢习惯了，还会有意识地将她午餐盒里的食物分享给这些乌鸦，因为她很喜欢鸟类。最后，她开始有计划地喂食动物。为此，她在地上摆放了盛满坚果的食盆，准备了水，还将狗粮撒在草坪上。而这一做法，成了人类与动物关系的转折点，因为从那以后，乌鸦也开始给加比赠送礼物。一开始是一些小玻璃碎片，然后是几根骨头，几粒小珠子或者一些螺丝钉。这些东西作为对这个小姑娘的答谢，被放在乌鸦吃剩的食盆里。其间这些礼物的数量达到了惊人的地步。

我觉得这个故事非常感人，于是立马同意将其作为表达动物感恩的例子，放到美国的翻译版中。在那之后，有一次（那是 12 月的一天）我和妻子踱步去看马匹，结果我们在拴马的那根横梁上非常显眼的位置看到一个小苹果。而这个苹果一下子点醒了我，原来科克这几年间一直在给我们回礼，只是我们对此毫无察觉。由此我回想起之前，在相同的位置总会很奇怪地出现一些水果，或是石头，甚至有时是老鼠的一部分残骸，虽然我们当时也考虑过这些东西的来源，但完全没有想到这是科克的谢礼。现在回想起来我们会觉得有些后悔，因为我们没有更早地意识到，科克在向我们表达谢意。现在，每当这只小鸟给我们留下点东西时，我们都会感到格外高兴。

但在这里，我还是要再问一次：这样的喂食行为是否有害呢？我们会不会因此干涉大自然的运作呢？假如没有我们的帮助，科克可能在很早之前就已经饿死了，而生态系统中，由此腾出的空位应该可以被另外一只乌鸦或者另外一种鸟类所利用。我们已经讨论过，究竟应该同意还是反对这种直接干预环境的行为，但是我们还忽略了另外一点——移情作用。对于环境保护而言，移情作用是最强大的力量之一，甚至比所有的法律法规更有效。回忆一下我们针对捕鲸或者屠杀小海象的抗议活动——公众的呼声之所以如此高，是因为我们所有人都对这些动物怀有怜悯心。当动物离我们越近，这种怜悯心就会变得越强烈。

“离得近”的确不只体现在字面上，这也是我基本不反对动物园的原因之一，当然，前提是它的饲养方式必须适合那个种群。那些能够与动物近距离接触的人，会更强烈地感受到他们与动物之间紧密的关系，也会时刻准备着为保护动物而做些什么。从这个角度出发，我常常会感到遗憾，因为在德国，法律不允许私人饲养野生动物。然而对于那些没有濒临灭绝的物种来说，着重强调私人饲养是利大于弊的。那些有过与野生动物亲密接触经历的人，比如上文介绍的那些，不会对着自己花园中的喜鹊大声谩骂，也不会对猎捕乌鸦的行为举双手赞成。当然，这种爱，对某些动物来说可能是致命的，因为它们得不到完全专业的，与种群相适应的照料。但是，同样需要着重强调的是，对大自然感同身受，才是对大自然最好的保护。

此外我还有一个小小的提示：鸟类在冬天也是会渴死的。

有时，食盆里的一些清水比鸟食更有帮助。这一点我是从我们家马的饮水问题发现的。它们常年待在牧场中，当然也包括天寒地冻的冬季。顺带一提，相较于温暖的马厩，它们更喜欢待在外面。但是在冬天，饮水就成了问题，因为水槽中的水经常会结冰。作为补救措施，我们必须用手推车或者全地形车将一桶桶温水运到牧场去。其间，我们会时不时地看到科克和它的小伙伴们，它们会在饱餐完谷物后迫不及待地来到马的水槽前，美美地喝上几口。

但是对于某些动物来说，冬季喂食很可能适得其反：它们会在吃饱喝足的情况下饿死。这究竟是如何发生的呢？为什么现如今树木再也无法摆脱野猪？这些问题已经超出了这一章节讨论的范畴。所以，让我们开始新的篇章！

第十章

蚯蚓如何操纵野猪

How earthworms control wild boar

野猪的数量越多，
作为寄生虫载体的蚯蚓数量也越多，
继而野猪发生感染的可能性也就越高。

我曾不止一次听到这样的说法：暖和的冬天，会引来扰人的蚊子，或是泛滥成灾的小蠹虫。有关小蠹虫，我已经在之前的章节里解释过，它们之所以如此泛滥，主要还是由森林经济的类型造成的，不过这个问题还是值得我们再次深入关注一下。一提及严寒的冬天，总能让人联想到持续数周的坚硬霜冻，以及一片皑皑白雪。周遭的一切都冻结成冰，大地表面以下的几厘米变得如石头般坚硬，而森林里，也不再有繁花似锦，生机勃勃的景象。

让我们从小型动物开始，看看这样的气候给它们带来什么样的影响。昆虫会利用独特的自然规律来实现抗冻——非常少量的水，只有当温度降到零度以下很多，才会开始结冰。5 微升的水只有达到零下 18 摄氏度，才能形成冰晶。尽管如此，小蠹虫家族里的幼虫还是难以抵抗寒冷的侵袭。如果霜冻的天气持续很久，那么虫卵和幼虫将不复存在，也就是说它们无法存活到来年春天。然而，并不是因为它们完全无法忍受一丁点儿的寒冷，而是因为冰冷的水侵入到它们的嘴和呼吸器官里，才导致了它们最终死亡。虽然幼虫体内的液体可以防冻，但是从体外流进来的水在达到冰点后会立马结冰。所以只有当厚厚的积雪将粗糙的冰层阻挡住，这些幼虫才能幸免于难。而由于成年的虫子不会遇到这样的问题（它们可以忍受直至零下 30 摄氏度的低温），所以小蠹虫都会尽量不在秋季产卵。

对小蠹虫的幼虫来说，暖和的冬天也是一种灾难，因为暖和意味着潮湿。您想想，您更愿意在什么样的天气出门呢？是零度以上的下雨天，还是持续冰冻但是出太阳的天气？我肯定更倾向于后者——通常零度以下的低温，意味着生物可以保持干燥，并且更好地保持体温。在高于 5 摄氏度的环境下，那些喜爱潮湿的真菌又恢复了活性，并且寄居在冬眠的昆虫身上，将正在睡梦中的虫子全部吞噬。

* * *

相较于那些期待着来年开春、几乎冻僵了的小蠹虫，大部分哺乳动物在整个冬天还是可以保持清醒和活力的。这同时也意味着，这些哺乳动物必须持续获取食物补给，才能保持它们正常的体温。在这一点上，它们与鸟类处于相同的境地。难道这些四足动物就不应该被同情吗？我们是不是也该给哺乳动物们喂食呢？至少对有些种类的动物，我们已经这么做了。您是否曾在森林里见过一种给动物喂食用的食槽？或者是一些盛满玉米粒的木头盒子？所有这些都能帮助那些饥饿的狍子、鹿和野猪度过寒冬。然而我们自己心里清楚，这些举动并非出于无私的帮助，而是为了捕猎这些野生动物，之后将鹿角或野猪獠牙作为战利品挂在客厅靠近沙发的墙上。而其他一些动物，如狐狸或是松鼠，就根本不会被考虑。这些动物也确实不需要喂食，毕竟它们已经适应附近的气候环境，也进化出独有的抵抗严寒季节的技能。

松鼠会在秋季储备很多过冬的食物，一到冬天它们就能睡上好几天。而鹿则借助完全不同的方法来保持体温。在最冷的几个月，鹿通常在树丛底下保持站立，眯着眼睛进入浅睡状态。维也纳大学的科学家们发现，鹿为了节省能量，其皮下温度可以下降到 15 摄氏度——这对于大型恒温动物来说，算是个奇迹。根据一名项目负责人沃尔特·阿诺德的描述，鹿的这种行为类似于冬眠。依靠这一方法，鹿在秋天摄入的脂肪储量，足够它们撑到来年春天。而那些体弱或得病的鹿，会被饿死。这种优胜劣汰的自然法则，能够从基因的角度使物种保持健康。

尤其对于鹿，人类不必要的喂食甚至会间接导致它们死亡。在到处大雪纷飞的2012年的冬天，就出现了这样一幕。在我的家乡阿尔韦勒，那一年鹿的数量激增，以至于森林里的鹿群密集到几乎会互相踩踏。饥饿的鹿群进到农民家的牛圈里，将牛的饲料全部吃光。甚至一个同事曾给我寄过一张照片，上面是一头雌鹿正在吞食一个鸟巢。由此，允许猎人给猎物喂食的呼声变得很高，甚至有猎人走进学校，大肆宣扬爱惜动物的言论，来给政治家施压。

当人们发现许多鹿相继死去，这一争论又愈演愈烈：人们真的应该任由这些稀有的动物饿死吗？然而，兽医的研究则显示了新的发现：这些受害者的胃被填得满满的，饥饿肯定被排除在死亡原因之外。真正的罪魁祸首是寄居在鹿肠胃里的寄生虫，它们数量极多，最终导致了宿主的死亡。由于鹿的数量众多，互相之间接触频繁，同时又携带被污染的粪便，寄生虫就很容易大规模传播——而这就是喂食动物间接造成的一个严重后果。

然而，猎人们并没有因为这项研究得出的结论，而转变他们的想法。对他们而言，依旧希望活着的大型食草动物越多越好，那样他们每天晚上就能在狩猎台上有所期待。然而，猎物的数量过多，也会引起动物对领地的激烈争夺，在野生动物身上则表现为：它们的体重变轻，尤其是狍子，相应的狍子角也变小。这样的负面影响是猎人不愿意看到的，因为猎人所追求的目标是：尽可能多的野味，尽可能大的战利品。由于猎人完全没有认识到问题的根源，于是他们继续喂养那些弱小的猎物品种，如我们所见，这种方式适得其反地加剧了负面影响。猎人们将猎物养肥，也是要付出一些代价的。

《生态狩猎》杂志曾有一次比较过“猎场养殖”与“饲料喂养”各自所需的投入。每千克捕杀猎物所得的野味，大约需要 12.5 千克的玉米作为饲料——相比集约化畜牧业下的饲料喂养，这比率要高出好几倍。

人类过度输入的营养，会立即进入自然的营养循环，以至于动物的个体数量也会爆发式地达到新的高度。由此带来的后果便是：野猪群出没于大片葡萄园、庄园甚至是柏林的亚历山大广场，因为森林已经慢慢地容不下那么多野生动物了。而这些对大自然平衡的干预，还带来另一个受害者——树木。因为树木花费了几百万年，进化出了一套完美的策略，来抵御那些大型食草动物；可是人类一旦喂食那些动物，这策略就不再有效了。

* * *

在我们德国，最重要的两种自然生长的树种——山毛榉和橡树，都能结出很大的果实。一颗山毛榉坚果虽然只有半克重，但在森林树木中已经算非常可观的了。云杉果作为松鼠、老鼠和许多鸟类最重要的食物来源，只有 0.02 克重，相当于山毛榉坚果的二十分之一，尽管如此，云杉果对于动物还是极具吸引力的。此外山毛榉坚果可谓是真正富含卡路里的重磅炸弹：一方面因为它们个头够大，另一方面因为它们的脂肪含量达到将近 50%。相比之下，橡子的重量超过了山毛榉坚果，平均一颗能比山毛榉坚果重大约 4 克，但是脂肪含量只有 3%，而淀粉含量则高达 50%。所以橡子是森林动物当之无愧的首选食物。尤其在秋天，对动物来说，捡到橡子，就好像是中了六合彩。

然而这一六合彩每三到五年才出现一次；其余时间，许多动物需要忍受饥饿，这才是常态。而这也恰恰解释了，为什么山毛榉和橡树不会在每个秋天都结出果实：因为这样，它们才可以调节森林里野生动物的数量，包括野猪、狍子、鹿、鸟类，以及一大群饥饿的昆虫。

特别是野猪，可以一下子就嗅出它们最渴求的果实，并且在短短几年内就将整片森林的果实啃食得干干净净。野猪的数量可以很快增长至原来的三倍，仅需一年，就会有一大群野猪穿越秋天的落叶，翻掘每一根树枝、每一块岩石，以及每一个树桩。来年开春，山毛榉不会再有新芽萌出，新的橡树幼苗也长不出来，而这样的状况持续十几年后，森林将开始逐步老化。

当一棵老树死后，在原来的空地上，草和灌木开始生长，然后那片地就会慢慢地变成草原。树木当然也知道要避免这一情况，比如它们会间隔很长时间才开花结果。但不是所有树都会这样做。如果只有一小部分树停止结果实，而其他的树依旧结满了山毛榉坚果以及橡子，那么又有什么用呢？只有当野猪一整年都搜寻不到任何富含营养的果实，那么饥荒才会突然在野猪群里爆发。

所以，树木行之有效的办法是，找到一个统一的开花时间，而要做到这点，树木之间就必须要互相约定好。如果只是一小片树林中的山毛榉，它们可以通过树根连接以及地面的菌丝来互相沟通，但这还远远不够。虽然这么做效果不错，但是为了达到抑止野猪数量的目的，“树木互联网”的影响范围还是不够广。因为野猪可以迁移到很远的地方，它们在森林里搜寻食物的范围可以一直延伸至10公里或20公里开外。所以树木必须在很大的范围内互相约定，这个很大的范围是指几百公里以外。树木究竟是如何做到的，人类还不得而知，但事实是，整片森林范围内，每一棵树都非常同步地结果实或暂停结果实。

在德语区，阔叶树的生存策略遭到猎人的巨大破坏。猎人不仅在冬天喂食野猪，而且经常全年都喂。由此，山毛榉和橡树有意制造出来的食物短缺，被破坏了。在巴登－符腾堡州，一项研究对被猎杀的野猪胃里的食物进行了统计。统计发现，平均每年野猪的食物中至少有37%来自猎人的喂食。这一比例在冬天更是增至41%，这对于树木是致命的。因为到了寒冷的季节，森林里本该空空如也，野猪的胃也同样如此。一些野猪死于饥饿，于是野猪的数量会重新与生存空间所允许的范围相适应。

然而，如果野猪在任何时候都不会挨饿，那么树木的这种自动调节机制就无法正常运作。野猪可以随时从数以千计的补给点获得饲料，这也进一步激发了野猪数量不断增加。那么单独一头野猪所获得的喂食量，具体有多少呢？德国生态捕猎协会（ÖJV）对此做了相应的计算：在莱茵兰－普法尔茨州的西部森林里，极端情况下，每头被捕杀的母猪会被喂食多达780千克的饲料。

除了猎人的喂食，促进野猪数量增长的，还有很多其他方面的原因，但是这些原因被人们忽视了。人们可以将原因归咎于农田里那些大片大片的玉米地，那里才是野猪的乐园。另外，气候变化带来的暖冬效应，同样有利于野猪数量激增。而相反，给野生动物喂食的现象应该已经消失了，因为这已经被明令禁止，起码对于野猪是这样。而事实上人们的确也这样做了，只不过“喂食”的概念已经被“诱捕”所替代。“诱捕”指的是带有引诱性的喂食，比如用一点点玉米粒，将动物引到从狩猎台能瞄准的林中空地。在那里动物被射杀，因此“诱捕”将起到减少野猪数量的作用，而非增加，这是官方对“诱捕”的解释。但实际情况是，尽管那些野猪被“诱捕”了，但是它们数量的增长率，依旧超过了被射杀率，因此这一引诱性的做法变成了荒诞之举。而在大部分地区，这种换了花样的非法喂食依旧存在。

在远离喧嚣的森林深处，在大众的视线无法触及的地方，所有可能成为猎物盘中餐的东西，全部被倾倒进来。在我早期的任职期间，有一次我发现林中空地上有一整卡车的郁金香球茎。它们明显不适宜于交易，因此需要被清理掉。猎场租赁者大概会想：为什么不将这好东西与有需要的动物分享呢？于是他们径直将这些货物运到森林里。林子中的野猪看来非常喜欢吃郁金香的球茎，因为不出几周，所有的球茎都不见了。

此外，那些欧洲标准之下，太小、太轻或是形状不符合标准的苹果被丢弃后，也会被用来喂食野生动物。我的一个朋友曾跟我说，在她的家乡洪斯吕克山，那里的森林承租人曾经将成吨的苹果撒在森林里。它们至少看起来非常新鲜，看得人口水直流。猎人表现得就像十多年前的大餐馆老板。那时候，将残羹冷炙留给棚圈里的猪，是非常平常的做法，目的也很明确，就是用那些被遗弃的鸡肉块、土豆或是豆子，来产出新鲜的食材。而现在森林中的喂食与之前也没什么区别。唯一的不同点是棚圈的规模，猎人的“棚圈”大很多，并且由无数树木构成。

在过去的十几年间，林业经济以及捕猎的行为，彻底改变了原始森林中生物之间原本的关系。以前每平方公里的森林土地上狍子的数量非常少，而如今狍子的平均数量能达到每平方公里 50 头。以前的森林里，人们几乎看不到作为草原动物的鹿，野猪也一样。但现在，在许多森林里，同样的面积上除了狍子之外，还有大约 10 头鹿以及 10 头野猪，以至于森林变得拥挤不堪。中欧的森林变成了一个真正的动物园，这让猎人们激动得热血沸腾。

一大群食草动物吃光了大部分树的幼苗——那么我们的阔叶树是不是完全没有了未来呢？我们也不用那么悲观，因为幸运的是，想让这一情况好转，只是时间问题。一方面，正如黄石地区所展示的，狼群可以使整个欧洲慢慢地重新恢复正常。另一方面，树木还有其他秘密的合作者。令人惊讶的是，这一合作者指的是一种居住在地下的小生物——蚯蚓。蚯蚓对于野猪来说非常危险。为野猪引来危险的真的是蚯蚓吗？它们不就只是安静地躲在自己的地道中，咀嚼着落叶，然后排泄出腐殖质吗？

不错，蚯蚓可以为野猪引来危险。但是首先，呈现在您面前的是相反的情况：野猪用它们盘状的鼻子，挖掘松软的土地，来找一些肉。而蚯蚓正是它们最大的食物来源。每平方公里的地下，存活着将近 300 吨蚯蚓。让我们来做个对比：在同样面积的土地上，所有大型哺乳动物（包括狍子、鹿和野猪）的体重总和也只占到这重量的大约三分之一。说句题外话，看来在食物紧缺的情况下，我们人类挖掘地下的生物要比捕猎更有效些。

* * *

重新说回野猪，它们吃下本身完全无害的蚯蚓，但也一并吞下其他一些附属品——血线虫的幼虫。这些幼虫在蚯蚓身上出生，然后等待一个合适的宿主。在之前所提到的食物紧缺的情况下，这一宿主也可能是人类——所以在不确定的情况下，要将蚯蚓烤熟烤透后再食用！一旦野猪吃下蚯蚓，那些幼虫就会通过血管进入猪的肺部，在那里它们会定居在支气管上，造成成年的野猪发炎以及出血。而之后野猪将那些虫卵排泄出来，再回到蚯蚓身上，由此，整个循环结束。

由于野猪的呼吸器官变弱，其他各种疾病也就乘虚而入，尤其对于年幼的野猪，疾病导致的死亡率极高。野猪的数量越多，作为寄生虫载体的蚯蚓数量也越多，继而野猪发生感染的可能性也就越高。所有种群的数量摇摆得越来越高，直至某一天这些种群彻底崩塌。野猪数量减少 = 排泄出来的虫卵减少 = 几乎不再有感染的蚯蚓。由此可见，血线虫起到调节野猪数量的作用，但它们还是会有其他一些小小的对手。

在野猪身上，有不计其数的病原体被忽视了，它们之中很多是病毒。病毒是一种非常奇怪的生物，但是，它们到底算不算生物呢？科学家并不将病毒视为地球上有生命的物种，因为它们连一个细胞都没有。所以它们也不能独立完成细胞分裂，以及最基本的物质交换。病毒仅仅只是一个空壳，含有一张自我增殖的建筑图纸。原则上来说，病毒是死的，至少当它们没有寄居在某个动物或植物上的时候还是死的。但一旦成功寄居的话，病毒就会偷偷地将它们的建筑图纸带入其他生物的机体里，并且制造出几百万自己的复制品。在这一过程中，宿主总会出问题，因为病毒与细胞不同，它们没有自我修复的机制。

宿主出现很多问题，意味着存在很多病毒的新变种。许多新病毒并不能侵入机体，但也无关紧要，因为在那么多新病毒中，总有一些会起到点作用。这些起作用的新病毒会迅速适应新的环境，并且变本加厉地侵袭宿主。尤其是新的基因突变，潜伏着致命的可能性。通常对病毒来说，杀死已经被感染的宿主，并不是最有效的方法，因为那样的话，当疾病蔓延一阵过后，病毒就没有机会继续繁殖。只有新的变种病毒才会做这种傻事，因为它们还没有完全适应宿主，所以还无法做到只利用宿主，但不杀死宿主。

相反，这一点对于宿主也同样适用：若是长期与病毒共处的话，宿主也会产生抗体，以至于疾病相对来说不会那么严重。水痘就是个不幸的例子：对于这种儿童疾病，欧洲人很好地适应了水痘病毒的感染。然而在那些北美原住民的部落中，这种通过白人殖民者携带来的病毒疯狂肆虐，混合上麻疹以及其他疾病，造成当地很多部落将近 90% 的部落居民死亡。

在动物界也同样如此。我们的全球化经济为动物制造了类似的境遇，就好比人类殖民者为自己开拓了全新的大陆。在装满货品的包裹中，或是活生生的动植物身上，存在许多让当地的动植物种群全然不知的疾病。

非洲猪瘟就是这样一种疾病。这种病毒最早于 2007 年在俄罗斯被发现。通常这一病毒只活跃在非洲，在那里有一种蜱虫会通过吸血将此病毒在动物之间传播开。但在欧洲这种蜱虫并不是传播的罪魁祸首，大概是人类为病毒的传播打开了大门。人类也不是非常清楚，究竟是谁将病毒带入欧洲的，有可能是一批进口的猪肉携带了病原体。而非法丢弃病猪或者病猪残骸，很有可能是病毒传播开来的原因。尤其令人震惊的是，那些感染病毒而得病动物的死亡率是 100%。

这对于野猪来说，算不算是个悲剧呢？对于单独一头野猪，或某一个野猪家族来说，肯定是的——野猪是一类非常喜欢群居的动物，例如它们非常乐意依偎在一起。由此，病毒的感染会从一头猪传至另一头猪，即使不是所有的同类都会遭到牵连，但是所有的家族成员都难逃病毒的感染。野猪爱它们的父母、孩子、兄弟和姐妹，并且在亲人们死去后会想念它们。但对于森林的生态系统来说，猪瘟应该算不上灾难。在自然的情况下，瘟疫几乎不会爆发，因为没有作为间接宿主的蜱虫。然而我们所遇到的情况是：非自然的众多数量的野猪，使得病毒可以非常轻易地在猪群里传播。由于疾病的缘故，野猪数量减少，它们互相接触的概率也就降低了——于是病毒无法再四处传播，疾病也就被终止了。山毛榉和橡树就又能正常呼吸了。

病毒与野猪的关联已经被成功地探明，但是，还存在其他一些关联，是无法被成功探究的，例如那些所谓的自然指示——某些物种在秋天可以预报冬天的寒冷程度。这些关联无法成功探究的原因在于，它们只是源于我们先辈的想象。

第十一章

故事、传说以及物种多样性

Fairy tales, myths and biodiversity

北半球的树木会在秋季齐刷刷地掉落树叶，这让我们的地球自转变得稍快了一些，由此一天的时长也缩短了一些。

至此，我们已经观察了一系列自然界生物之间的相互关联，其中有些部分表现得十分复杂。而对于另外一些，在您看来非常明显的关联，我还完全没有谈到。我之所以没有谈到这些，是因为它们根本就不存在。

比如说，很久以来，人们就会利用山毛榉和橡树的果实来预测天气。农民之间流传着一个古老的规律："山毛榉坚果和橡子一多，冬天就不好对付了。"还有另一种说法："9 月多橡子，12 月必多雪。"为了探究这些说法的真实成分，我首先提几个问题：为什么树木要结出许多果实？这样的做法如何能帮助它们过冬？或者说，这个影响冬天的间接效果是如何产生的？

很可惜，我回答不了上面的问题——唯一可以确定的是：

橡树和山毛榉会分别在各自的种群内，协商好共同开花的时间，以便在几年的时间间隔内，一下子结出足够多的果实。原因是前面已经提到过的，使得食草动物得不到持续等量的食物供给，以此来调节食草动物的种群数量。但是这与冬天的寒冷程度毫无关系。

另外我要补充一点：树上的花苞（如同新叶的萌芽一样）早在前一年夏天就已经生长出来了。如果树木可以通过产生果实来适应冬天的气温的话，那么它应该提前不止一年就预知这一年冬天的气温，并且开始计划结出果实了。但是山毛榉和橡树无异于我们人类，提供不了什么预报冬天天气的方法。树木可以获悉白昼的日益缩短，以及温度的下降。然后它们会让树叶掉落，以保证在第一场大雪到来之前及时关闭“大门”。即便是这种短期的天气预报，也不会连续多年都管用，比如，经常会在10月提早出现寒流袭击。那样的话，下完一场新雪后，还挂着部分绿叶的树枝，会被重重的积雪压断，这对树木来说是个沉痛的教训。至少它们会在年幼时从中学会，以后要早一些掉落树叶。但这只是树木一种谨慎的自我保护措施，与进化出更好的预知能力完全无关。我还是坚持我的看法：树木不可能预知一年以后的情况。

好吧，那么松鼠的情况又如何呢？它们也被大众归为可以预报严寒冬天的生物。当松鼠特别辛勤地收集橡子和山毛榉坚果，并且将其藏起来当作丰富的食物储存时，随后到来的冬天往往就特别寒冷。事实真的是这样吗？我认为，您自己也能回答这个问题。这些漂亮的啮齿动物当然没有预知下几个月天气情况的第六感，它们收集果实的多寡，只取绝于果实供给的多少。如果树木结出许多果实，那么这些红色的小家伙就会收藏很多。而到了树木的休整期，树木几乎不结果实，松鼠能发现的果实也就相应少了，我们也就很难发现松鼠收藏果实了。

有些说法介于传说与现实之间，体现出一些相关性。虽然这种相关性是存在的，但是人们对其所做的解释却不正确。在我看来很典型的一个例子，就是蜱虫与金雀花总是一同出现。大多数人都认为，这类小吸血虫特别喜欢停留在金雀花丛中。在大西洋沿岸的欧洲，这类灌木到处分布，给夏天带来凉爽，又给冬天带来温暖，在我所住的埃菲尔山附近也同样如此。在这里，金雀花分布如此广泛，以至于在某些地方成了一种独特的地貌。到了春天，这些灌木被越来越多的蝶形花朵所覆盖，花朵排列得极其紧密，以至于人们几乎看不到绿色的枝叶。巨大的金雀花墙将田野淹没在一片鲜亮的金黄色之中。在我的家乡，人们也称这种植物为“埃菲尔金子”。

蜱虫真的喜欢金雀花吗？这类灌木浑身上下都有毒，而且毒性不只针对人类。它们的树枝、花朵以及叶子中所含的毒性物质，至少对于食草动物来说，是极具威慑力的，所以一些狍子、鹿以及野猪都会远离金雀花。当野生动物数量很多时，所有可口的植物都会被吃掉；由此带有毒性的金雀花比它的竞争者多了一个优势，所以可以不受干扰地四处扩张——它也正因如此而顽强地活了下来。仅仅在传播种子方面，金雀花就进化出了一套自己的方法。在烈日当头的中午，它们的荚果噼里啪啦地掉落在地上，将种子播撒到周边的土地中。得益于荚果圆形的外表，它们可以轻易地滚落到山坡下，就又能向外延伸出几米远。然而靠这种方法播撒种子还是不够，于是它们转而寻求蚂蚁的帮助。

是的，我们接下来要说的又是这些神秘的地下统治者。它们帮助金雀花，将种子播撒到各个地方，连森林里也不例外。虽然对金雀花的种子来说，森林里太黑暗了，但是它们有的是时间，可以慢慢等待。一部分金雀花种子在腐殖质中待了超过50年，直到有一天，一场风暴或是人类出于经济目的的砍伐，使得周边的树木倒塌了。阳光直射到土地上，慢慢地唤醒这些沉睡了很久的种子。很快，这些种子就能发芽，第一年内就能长成半米高的灌木。一些年幼的小树或是其他种类的灌木，如覆盆子，会影响金雀花的健康生长，但是狍子用它们的嘴，为金雀花提供了有用的补救措施：狍子很快就会将周围阔叶林的新鲜嫩叶啃食干净，使金雀花的幼苗可以远离这些恼人的树荫。

在狍子的毛发中，还存在着另一个祸害——蜱虫。那些特别肥硕的蜱虫，到生命的最后阶段会在狍子身上再一次吸饱血，并从它们身上掉落，躲进临近的灌木中。在那里它们产下卵，随后死去。破蛹而出的小蜱虫盯上经过的老鼠，在老鼠身上继续它们母亲未完成的任务：开始吸血。同样的，小蜱虫在饱餐过后从老鼠身上掉落下来，生长并且脱皮。随后它们再次带着饥饿躲在周围的植物中，比如金雀花，并在那里等待更大的哺乳动物出现（也可能是我们人类）。因此，有许多狍子的地方，就会到处是蜱虫；同样的条件下，金雀花也能毫无障碍地四处扩张。所以说，蜱虫喜爱的不是金雀花，而是哺乳动物。金雀花只是和蜱虫一样，也得益于食草动物，而这两者只是在狍子数量过多的情况下，合乎逻辑地一同出现在同一个生存空间内而已，它们互相之间其实没有直接的关联。

***

树木无意间做的一些事情，会达到意想不到的效果，即便那些事情对树木本身而言毫无意义。每年秋天，树木都会上演戏剧性的一幕，这可以让人联想到儿童游乐场，尤其是旋转木马。您还记得旋转木马的原理吗？当您的双腿保持向外伸展的状态时，木马被人转动起来。然后您将双腿往回一收，木马会明显转得更快；而当您再次伸展双腿，木马旋转的速度又会慢下来。树木是否也喜欢玩旋转木马的游戏，这点令人怀疑，但是它们确实每年都在重复着类似旋转木马的动作。北半球的树木会在秋季齐刷刷地掉落树叶，这让我们的地球自转变得稍快了一些，由此一天的时长也缩短了一些。这听起来很不可思议吧？

尽管树叶掉落导致一天时长的变化，只有极短暂的一刹那，而且由于其他自然现象的叠加作用，这一变化几乎可以忽略不计，但它确实是可测量的。地球上最大的陆地分布在北半球，而这里也生长着最多的树木。当所有树木的树叶掉落时，这些树叶的重心与地心的距离将会缩短大约 30 米（也就是树的最高点与地面的距离），这种重心向下移位的效果，就类似于我们在坐旋转木马时将双腿往回收。到了春天，树叶抽出新芽，情况又会逆转：新鲜的、吸饱了水分的嫩叶将树木的重心向上带动，或者换一个视角来说，就是树的重心又离地心更远了些。结果就是：我们地球自转的速度，又稍微减慢了一些。说得有趣一些，这一现象是树木在让我们坐旋转木马。不过正如我之前已经提到的，由于这一作用产生的效果只有很短的一刹那，同时还叠加了其他一些导致重心变化的自然现象，如海水的潮汐现象，所以这一“单脚旋转”的效果就成了介于事实与传说之间的一个亦虚亦实的说法。

* * *

另一个完全不同类型的传言，是关于物种多样性的：对某一种动物或植物的拯救措施，能为我们的环境带来一些好处——对此我们深信不疑，然而这只在极少数情况下会如我们所愿。尤其当我们必须对环境进行改变时，往往会有其他物种因此受到波及，只是它们不在首批被波及的行列中。

当人们看到，不同物种之间的相互作用呈现出怎样的多重性后，不禁又会提出新的问题：我们是否有过某个时刻，真正理解了所在环境中各个物种间的关联？毕竟到目前为止所说的例子中，我们只提到了少数动物之间，以极为复杂的方式相互影响。就好比一个玩杂耍的人，手里只拿了两个球抛向空中，而之后每增加一个球，都会使事情变得更加复杂，进而难以预测。目前已知领域内，德国的这些“球”的数量是 71 500 种（即德国的物种数量，包含了动物、植物以及菌类的总和）。世界范围内，物种的总数量到目前为止是 180 万种。

这听起来十分复杂，而事实上，情况比想象中的还要复杂得多，因为还有很多动物和植物尚未被人类发现。正如前不久，一位昆虫学家与我聊天时提到，她本人也算是科学家中的“濒危品种”。对于研究甲壳虫类、蝇类的学者及其合伙人来说，研究经费太少了，更重要的是，研究人员的新生力量跟不上。所以仅仅在德国，对于已经发现的物种，尚且还存在着大量未知领域。而除了这已发现的71 500种自然界成员外，还存在着数量不确定的物种，当然它们对生态系统所起的作用，也同样不为人所知。由此可见，我们必然无法理解我们大自然的全貌——而在我看来，我们也没有必要全部理解。

从前几章所举的例子中，我们就能清楚地发现，生态系统多么脆弱，某一个物种出现问题后会带来怎样的后果。出于这样的原因，我们努力的方向必然是尽可能地将大自然保存完好，或放任大自然自由发展。然而“完好”的定义到底是什么呢？在这方面人们应该听信谁呢？森林管理员和森林拥有者表示抗议，他们认为经济林应该是给物种多样化带来了好处的。据第三版的德国森林检索显示，德国树木的平均寿命是77年——哇哦！联邦政府有关部门发布的，关于营养与农业的宣传手册，也是对古老树木的生态重要性大唱赞歌，并且表示现在古树的生长环境一切正常。然而，一种名为树汁食蚜虻的小型蝇类，肯定要提出抗议了，如果它们可以抗议的话。人类直到2005年才发现这种蝇类，之后在全球范围内发现树汁食蚜虻的次数不到六次；可以说它们是极其罕见的物种，而它们如此罕见有其自身的原因。

虽然树汁食蚜虻长了翅膀，但它显然不是很乐于飞行，而是更愿意待在原始森林里，在那里它会感觉像回到家一般舒适。在树皮下，树汁食蚜虻会发现树木受伤的部位，因为那里会渗出树汁——而这树汁正是它最爱的美味，或者至少是它一顿美味的基础，因为树汁是细菌以及其他微生物的营养基础，而这些微生物会生成一些黏糊糊的物质，就是这黏糊糊的物质最合树汁食蚜虻的胃口。然而这样的受伤部位，只出现在至少有120年树龄的古老树木上。更老的话当然更好。然而，如果人们对官方手册所统计的平均树龄77年的数字已经相当满意的话，那这肯定会使树汁食蚜虻感到惶恐而且焦虑。

根据弗兰克·齐欧克博士的报道，树汁食蚜虻的发现纯属意外。有一次他在发大水的区域设置了一个捕捉掉落昆虫的罗网，用于捕捉食蚜蝇，并探究它们对洪水有何反应。起初，齐欧克博士以为罗网中的昆虫并无特别之处，直到那只虫子背部的两个点引起他的注意。这一特征从未在已知的物种上出现过，所以这只虫子肯定属于未被发现的物种。

现在这种树汁食蚜虻需要年老且受伤的树木。然而在经济林的搜寻范围内，受损的树木具有高度危险性，最好是被砍伐掉。从长远角度看，砍伐的目的是，只有那些健康的山毛榉和橡树长粗长大后，才能为人类提供有用的木材。可惜这对树汁食蚜虻来说是个遗憾，它的生存需求没被考虑到。虽然出于保护环境的目的，四处还是会有一些树木被保留下来，但是如果周围一圈其他树木都被砍光了，那么这最后一个“莫西干人”也不会活得特别久。由于太阳将周围的土地晒得很热，最后保留下来的树，失去了典型的湿润凉爽的森林环境。此外，由树木的根系以及菌类所组成的网络系统也遭到破坏，而这一网络系统恰恰能给年老且得病的树木带来帮助。这样的网络系统对森林的健康至关重要，所以对此我们要进行更深入的研究。

* * *

我在另一本名为《树木的秘密生命》的书中已经提到过一个概念：森林互联网（这一恰到好处的命名出自《自然》杂志）。森林互联网由菌类组成，它们呈丝状，从地底生长出来，将树木与其他植物联系到一起。菌类是一种非常奇怪的生物：它们既不算植物，也不算动物，但它们的行为更类似于动物，因为它们并不具备光合作用的能力。菌类必须从其他生物那里获取食物；它们就像昆虫一样，细胞壁含有甲壳质；有一些菌类，比如黏菌，甚至可以向前行走。然而不是所有菌类都是友好的，比如有一种蜜环菌，会攻击树木，从而能从树皮中获取糖分储备以及其他美味。蜜环菌经常会导致一棵树的死亡，然后在土壤中蔓延至周围的其他树上。而那些树木对于来自菌类以及昆虫的袭击，也不会毫无抵抗能力，而是会向其他的树木发出警告。警告的方式可能是释放一种香气，来传递它们遇到了何种敌人的信息。与此同时树木会针对特定的敌人，在树皮中储备相应的化学物质，使饥饿的昆虫或哺乳动物对树皮完全失去胃口。

然而遗憾的是，经常当一阵大风刮过时，树木间的警告信号就只能朝着一个方向传递。为了解决由大风引起的问题，树木必须找到另外一种互相沟通的方法，而首先负责沟通的便是树根。树根将大树与其他同类联系到一起，将携带着重要消息的化学信号以及电信号传递出去。然而这一根须网络还是无法延伸至各个角落；有时由于原始森林中一棵巨大树木的枯死，此连接会被迫中断。

此时菌类出现了，它们帮助树木填补了这一空缺。就如同我们上网所用的光纤，菌类通过它们地下的纤维，为树木传递信息，由此整片树林很快就能知道，哪棵树开了花。然而菌类的这项服务并不是免费的；菌类会从山毛榉、橡树以及同类别的树木那里，获取将近三分之一光合作用所产生的糖分和碳水化合物。这几乎相当于一棵树产生木材所需的能量（另外三分之一的能量由树皮、树叶以及果实构成），可谓是强取豪夺。

谁获得了高回报，就意味着它必须提供可靠的服务。菌类看起来深知这一点，但是要做到并非易事。换句话说，“森林互联网”总会遭到严重的侵扰。比如到了冬天，野猪在搜寻山毛榉坚果、橡子或老鼠窝时，会肆意践踏大片树林，并且向下将土壤掘开很深。由此几平方米内的菌丝连接，必然会遭到破坏。对于菌类来说这倒不是问题——为了保险起见，它们会同时生出很多菌丝，然后在菌丝遭到破坏后立即切换至周围其他的连接。所以在秋天，当您采集松茸、牛肝菌或是鸡油菇的时候，是否会将它们从土里连根拔起或从根部剪断（这一行为备受自然保护者的争议），对它们来说也无关紧要，因为由此造成的损伤，很快就会在地底下重新自我修复好。

除了在树木之间传递信息以及转移糖分外，菌类还为完成其他任务做好了准备，比如将土壤中的营养物质向周围拓展，这点树根无法做到。如果树根去吸收磷酸盐之类的营养物质，会将根系周围几毫米范围内的所有营养全部吸光。有了菌类的好处是，树根上那些纤细的根须会被菌丝缠绕，而菌丝又连接着巨大的网络。由此，营养物质就可以被输送到很远之外的树木那里。

菌类可以存活得非常久，但同其他生物一样，它们也是从一个小细胞开始生长的，那就是孢子。这样一个小小的孢子面临着很大的问题：当它脱离菌盖后，会直接掉落到母体已经占据的位置上，那样的话它就无法再向周围扩散。有可能会有多达数十亿这样的小球体，同时脱离菌盖，并期待着开始一段旅程——而在通常无风的森林地表上，这样的旅程很成问题。而这时，菌类一些特殊的结构就起到关键的作用。

加利福尼亚大学（洛杉矶分校）的生物数学家马库斯·罗珀经过探寻得出：大部分菌类的外观都呈现根茎连带着一个帽子状的结构，而这样的结构具有深层的含义。孢子会从菌盖底部的开口向外喷射出来——方向是朝下的，由此它们可以不被雨淋到，也就不会由于潮湿而结块。而帽子部分本身会释放出水蒸气，从而使周围的空气略微降温。由于密度较高，冷空气会沿着帽檐向下降，携带上孢子；之后冷空气由于接触周围的空气而温度回升，结果便是：由于温差，空气形成对流，菌类边缘的空气向上流动，带动了孢子飞离帽子部位大约10厘米。如果现在一阵微风吹过，带走这些小小的“乘客”，那么松茸及其同类的生存就得到了保障。

幸运的话，这些小小的孢子会降落在无人定居的森林土地上。在那里，它们伸展出一部分细小的丝状支脉（也就是菌丝），并等待从植物根系发出的信号。如果周围的植物没有提出传递化学信号的要求，那些孢子会再收回菌丝。它们的营养储备足够它们进行好多次这样的尝试。一旦孢子与合适的植物成功取得联系，比如一棵山毛榉，那么它们便能开始一段较长的生命——可能是一段非常漫长的生命。因为在寿命这一点上，菌类一点也不亚于树木。菌类可能出现的漫长生命，在某种菌类的菌丝上，得到了充分的体现——那是在一片北美森林的土地上发现的，古老蜜环菌伸出的菌丝。迄今为止，这类蜜环菌保持了菌类寿命的最高纪录——长达2400年，其间它们传播的范围达到将近9平方公里。

然而至今，菌类的世界还远远没有被彻底研究透，在大自然中，每一寸土地都隐藏着无数的秘密。哪怕是在树木中，也存在着许多生物，它们只有在极特殊的条件下才得以存活。而小蠹虫则不然，因为它们可以轻易地获得它们最爱的食物。通常对于树木，小蠹虫只有一个要求：那些树必须很虚弱，那样就会失去防御力。满足这一条件的话，树皮和中间层就只能被小蠹虫无情地啃食。而这一先决条件，在某个树种分布的区域内随处可见（针对这一类树的小蠹虫也同样如此），所以小蠹虫的各个科属里，基本没有濒临灭绝的种类。但是一些特殊物种，就另当别论了。人们可以用吹毛求疵来形容它们对生存环境的要求，但这依然不足以表达它们的挑剔，比如黄粉虫。只有在满足了非常非常苛刻的生存条件下，它才会感觉舒适。

一开始先有了一片古老的山毛榉林，一对黑啄木鸟开始在此定居。这对黑啄木鸟需要几平方公里的土地，来扩展它们的生存空间。然而它们需要等待很长时间，原因在于树木的硬度。同其他啄木鸟不同的是，黑啄木鸟搜寻的大多是健康的树木——有谁会愿意住到朽木搭成的房子里呢？然而健康的山毛榉非常坚硬，即使对啄木鸟而言也同样如此。啄木鸟的大脑牢牢固定在头颅中，这可以确保它们用喙往木头中一顿一顿地敲击的时候，不会像我们的大脑那样，来回弹动。啄木鸟的鸟喙有一种特殊的悬挂系统，可以缓和对头颅产生的撞击，从而进一步避免大脑晃动。然而新鲜的树木实在太硬，不过啄木鸟很有耐心。它们的巨大工程，先从敲击树最外层的年轮开始，有时这一工程可能会搁置好几年。

在这期间，菌类接手了指挥权，它们在啄木鸟打开树木第一个缺口后不到 10 分钟，就抵达现场了；每立方米的空气中存在无数它们的孢子，这些孢子会立刻掉落在树木受伤的部位。在伤口处，新的菌类生长出来，它们腐蚀树木，并且啃噬朽木。这样一来木头变得又松又软，啄木鸟也在等待了好多年之后，终于又能回来重新继续它们的工程，而且这回不会再头疼了。最终等到洞穴建造完毕之后，啄木鸟将开始繁衍后代。然而它们并不是每次都能如愿，因为经常会有其他鸟类眼红这个新窝，并且不打招呼地住了进来。腼腆的欧鸽，会在黑啄木鸟一番强力的轰赶后，灰溜溜地飞走；寒鸦则不然，它们会顽固地待在那里，霸占着树洞，以至于黑啄木鸟只能重头再开始这一浩大的工程。幸运的是，黑啄木鸟储备了许多套这样的房子，因为雄性和雌性啄木鸟更乐意分开睡觉。

数十年后，这些树洞慢慢腐烂，树洞的底部也会慢慢下沉。对黑啄木鸟的幼鸟来说，这些树洞总有一天会变得太深，因为它们再也够不到洞的入口，而它们需要这入口来进进出出。而那些返回的欧鸽却可以利用到这些树洞，它们搬来一些栖息所需的材料，放到洞里，然后将树洞重新垫高（看来啄木鸟就没想到这个办法）。树洞继续腐烂，洞口也同样如此，由此，洞口的直径变宽，以至于猫头鹰都能从这样的洞口自由出入，它们也同样乐于使用这个宽敞的树洞，而且一用就是好几年。在干燥温暖的树洞里，黄颈鼠也同样觉得很舒适，在那里能看到一些它们留下的食物残渣和皮屑。

而后出现了腼腆的黄粉虫。它们直到现在才搬入舒适的树洞，是的，一直等到前面提到的所有前任“房客们”逐一搬进搬出之后，黄粉虫才开始入住。原因在于它们对食物有着特殊的口味。黄粉虫或者说它们的幼虫，偏爱吃各类面包屑状的残渣、昆虫的残留部分、羽毛的碎屑、动物皮屑，以及所有前任房客从上面掉落的小杂物——胃口真不错！有谁会相信，就是这样的黄粉虫，种群数量还会受到威胁？这里所描述的树木早在几十年前就开始腐烂了，而在经济林中，人们并不愿意看到这样的结果。经济林里的树木经常在被啄木鸟啄了第一口后，木头还没有因内部腐烂而贬值之前，就被砍伐并且卖掉了。虽然我们周围还是会有少数出于种群保护的目的而留下的老树，但是这些孤单的“莫西干人”起不了多大作用，自然界还需要更多这种老树的树洞，来保障那些娇气的生物群体的种群数量。

甲虫的处境同食蚜蝇没有多大差别，为了能留住它们以及其他的物种，我们只有一个方法：与其到处对单棵树采取拯救措施，而这些树最终也难逃被砍伐的命运，我们更应该将大面积范围内的整片森林与经济用途划清界限。而这样的论调——合理的森林经济可以在整片森林区域内，将经济与自然保护结合在一起——完全可以被当作传说或是神话来看待。

正如树木不会对小蠹虫的侵袭坐以待毙一样，它们也不能毫无怨言地忍受所有气候异象。我们在下一章里将会看到，树木不只是一味地忍受大幅度的气温变化，还主动地参与到改变气候的活动中。

第十二章

森林与气候

Forest and climate

在气候变化的大环境下，
树木可以在一定限度内对森林里空气的湿度
和温度进行自我调节，
不仅如此，它们还可以影响到更大范围内的
很多因素。

当树木相互联系在一起形成一大片森林并且共同进退时，它们对于气候的波动就不会毫无招架之力。在气候变化的大环境下，树木可以在一定限度内对森林里空气的湿度和温度进行自我调节，不仅如此，它们还可以影响到更大范围内的很多因素。一个国际研究小组对欧洲范围内，由森林经济引发的森林状况的改变，做了深入研究，而他们的研究报告给人们带来了不少启示。特别是原始阔叶林向针叶林转变的现象，是研究的焦点。

马克斯·普朗克气象生物学研究所的科学家金·诺茨及其团队，热衷于树木反射能力的研究。针叶树的树冠呈深绿色，因而它们会吞噬大量的光线，并将其转化为红外线；而与针叶树相比，阔叶树的叶片颜色则浅很多。原始山毛榉林曾经在我们德国范围内占支配地位，在炎热的夏季，每平方公里的山毛榉林最多可以蒸发 2000 立方米的水，从而进一步给森林降温。而针叶树却非常吝惜自己的水分，结果也很明显，它们周围的空气会变得更热更干燥。也就是说，针叶树的水分管理机制加重了它们深色针叶带来的影响。

在这一章里，森林经济对于气候变化的影响，不应该是我们讨论的重点，我们需要更多地关注另一个问题：针叶树木的这些行为和影响仅仅是偶然吗？因为无论森林经济是否存在，我们德国森林中的针叶树并不是人工培育的产品，它们同那些寒冷气候区内原始森林里的野生树种，没有实质的区别。

而在那些寒冷气候区，这个影响可能算是个优点。比如在泰加森林，夏天非常短暂，一般只持续几周，这样留给树木用于生长的时间就非常少，更别提开枝散叶和繁衍生息了。那么有没有这样的可能呢：在森林生态系统中，树木通过将周围的空气加热，来延长夏季中短暂却具有决定意义的几天？这听着非常符合逻辑，但到目前为止它还只是一个抽象的推论。

这里我可以给您一个提示，云杉和松树对于温暖日子的渴求，从它们过冬的策略也可以看得出来。与阔叶树不同的是，针叶树在冬季会将它们又细又薄的叶片保留在枝头，这样它们就可以在有需要的时候立即开始生长。在我们德国范围内，这个起始点大约在 2 月末到 3 月初之间，而此时，山毛榉和橡树都还处于沉沉的冬眠中。一旦太阳使气温（还有那深绿色的树冠）稍有回暖，云杉和松树就会立即开始制造它们生长所需的糖分。

这样的策略听起来非常合乎逻辑，而人们也的确能在每年冬天快结束的时候，在充满阳光的日子里，观察到树木的复苏。然而这只说明了事实的一半。另一半的事实，也就是针叶树的另一个能力，与前面描述的“加热”能力有着自相矛盾的地方。在一望无际的泰加森林上空，人们可以检测到一种特殊的物质——萜烯。这种物质从云杉和松树中散发出来，当您在这样的森林中散步的时候，会有一股非常浓郁的香味钻进您的鼻子。天空中的太阳燃烧得越剧烈，这气味就越浓郁。

而这气味与太阳之间的联系，也并非偶然。研究人员后来发现，这些由针叶树排出的分子会固定空气中的水滴。在自然情况下，大气中的云不是那么容易形成。空气中的水分子虽然能够互相碰撞在一起，但是却不能保持着粘连的状态，而是会再次分开。这样水分子也就无法形成雨。因为形成雨的条件是：必须有大量的水分子集结成一团，形成水滴，然后这水滴变大变重，最终坠落地面。

而形成这种水分子团——也就是水滴的先决条件，是悬浮在空气中的微小粒子，水分子需要附着在这些小颗粒上，才能变大变重。在自然中存在着许多这样的微小粒子：火山中的灰烬、沙漠中的沙尘、海水中的小盐晶。但是数量最多的，还是这类由植物主动喷出的微小颗粒。在这一点上，我们的针叶树再一次扮演了很重要的角色。它们向空气中释放了大量的萜烯，而且天气越热，它们释放的就越多。一般情况下，萜烯只是味道香甜而已，直至有第二个要素参与进来，而这第二个要素就是——宇宙射线，它们是来自宇宙外层空间最小的粒子。这些小粒子会不间断地向下噼里啪啦打在我们身上，然后直接从我们的身体中穿过去，就在您读这本书的时候，它们正在不停地穿过您。这种射线能使萜烯的活性比自然状态下的值提高数十倍甚至上百倍，因此树木排放出的小颗粒就可以聚成一团。只有以这种形式，水分子才能很容易地被固定下来。通过这个方法，西伯利亚和加拿大地区无边无际的针叶林就可以随心所欲地呼风唤雨。

即便针叶树仅仅只是成功制造了云层，而云层却没有造成降雨，那同样也会给周围的环境带来些益处。厚厚的云雾层可以明显地降低空气温度，以此减小土地的挥发度。如果树木成功制造的不只是几片云，而是一场结结实实的雷雨，那么它们就算是中了头奖了。因为哪怕是一小片雷云，也可以轻松地给地面带来 5 亿升的降水。

至此，我们遇到了一个自相矛盾的问题。一方面，针叶树会通过深绿色的树冠加热周围的空气，以便它们可以在春季更早地为生长新枝做好准备；另一方面，它们又通过制造云层来进一步降低空气温度。这自相矛盾的现象仅仅是个巧合，还是大自然闹的情绪呢？或是我所认为的这些联系，其实完全不存在呢？

为了更好地给出解释，我们可以看一下针叶树在一年四季中的不同表现。在春季，云杉和松树会在气候回暖的初期慢慢苏醒，但这时的温度还完全没达到那么高。得益于深色的针叶树冠，此时的太阳已经可以将空气温度略微提升一些，在这个温度下，树木的纤维组织会慢慢变热，而针叶树可以明显比阔叶树更早复苏，因为阔叶树叶片的生长还需要很长时间。而这里所说的“将温度略微提升一些”，是真的只提升一点点。只要温度稍高于零下 4 摄氏度，松树就已经可以制造糖分，但是那时还不会释放出萜烯。

因为，如果针叶树此时撑起一顶富含水气的巨大太阳伞，很可能会产生不良后果。当温度高于 5 摄氏度时，树木虽然开始新陈代谢，但是它们的树干不会增长，也就是说，它们在原地踏步。只有当温度超过 10 摄氏度时，树木才真正开始投入生产——这时它们可以将大量太阳能转化为糖分，生成新的木材，并为生出新芽而投入更多的气力。所以，只有对于特别炎热的夏季，针叶树的这种降温才有一定的意义。因为当温度达到 40 摄氏度以上，针叶树就会遭受严重的伤害。

这样的温度对西伯利亚来说，听起来有点高吗？那里的冬季之所以那么冷，是因为西伯利亚远离大海，而大海可以起到缓冲气温的作用。由于海水可以对海面上掠过的风，进行加热或者制冷，所以海水在冬季可以起到类似暖气的作用，而在夏天它就是制冷的空调。然而在内陆地区，这一作用就不那么明显了，因此在西伯利亚地区，无论是冬季还是夏季，都会出现极端的气温。所以这个区域内分布的针叶树不但进化出“保温系统”，而且还配备了“冷却系统”，而后者还可以同时提供珍贵的降雨，所以针叶树的进化也就非常符合逻辑。

当您看一眼泰加森林的照片，或者有幸亲自去那里走一走，您就会惊奇地发现，在这片区域中，不仅仅只生存着云杉和松树。在那里，同样出现了大量阔叶树，其中大部分是桦树。云杉非常好地适应了西伯利亚地区严酷的环境，在同样境况下，桦树的表现就逊色很多。桦树排放的有机物质相比针叶树要少很多，在春季它们也没有深色叶片来吸收阳光，从而加热自己湿冷的树干——这就意味着在春季它们复苏的时间明显要比松类晚很多；再者，桦树需要在每一个季节，完全重生所有的叶片，这又会耗费它们很多额外的体力。

那么阔叶树的优势在哪里呢？细算下来，可以说有两点优势：第一个优势涉及干燥性——由于阔叶树在冬天缺乏树叶，就算在较温暖的日子里，它们也不会向外散发任何水分，因此阔叶树在冬季损失的水分比针叶树少。第二个优势涉及后代——桦树、杨树和柳树的种子可以飞得更远，并且在发生森林大火后迅速生根发芽，最先长成一片全新的森林。但随着这片森林慢慢扩大，越来越多的云杉与松树也会参与进来，于是森林会再一次变暗，而那些热爱阳光的阔叶树就会再一次消失。

* * *

每一种树木都有它的气候生态位（生态位是一个物种所处的环境以及其本身生活习性的总称），我们欧洲的生态位存在一些特殊性，这特殊性使得我们这里的树木生活得十分艰难，即使这里的气温十分温和。这里的气候类型有着一个神秘的缩写：Cfb（译者注：此缩写源于柯本气候分类法）——它代表了夏季温暖湿润型气候。这听起来很不错：既温和，又湿润，还温暖。但是，欧洲气候存在的极端性，要比这三个形容词重要得多。超过35摄氏度的热浪，低于零下15摄氏度的寒流——在我们欧洲这里，所有这些极端气候，每年都在有序地发生着。大约从零下5摄氏度往下，树木会迅速自我收缩，来改善自身的状况，也就是说它们会缩小树干的直径。但这并不是因为它们的木质由于热胀冷缩而收缩了，因为简单力学上的压缩对于树木周长的变化，只能起到不足一厘米的微不足道的作用。很明显，树干收缩的真正原因在于，树木将水分转移至内部，而这一过程在气温回暖后会再被逆向执行。从这一点可以看出，树木在冬眠过程中也不是毫无作为的。

橡树可以被誉为应对极端气候的专家，但即便是橡树，在严重的霜冻情况下也会达到极限。如果在橡树的成长过程中，树干没有遭受过任何创伤，那么它还可以抵御得住极端的严寒，因为它的木质均匀整齐，不包含任何瑕疵。但如果橡树之前受过伤，比如一头饥饿的鹿啃掉它一块树皮，或者一台拖拉机的大轮胎从它的树根处碾过，那么它就要遭受痛苦了。那样的话，橡树就必须治愈它的创伤，也就是生长一块新树皮来遮盖住伤口。而从这时开始，问题就出现了。

正常情况下，树干中的木纤维是均匀垂直分布的，这种分布方式使得树干内部不存在张力。如果一棵树被一场暴风吹弯了一些，它仍可以向前或者向后灵活地回弹；而受伤的树木就必须要调整处理问题的优先级，起码在受伤的部位是这样。因为在它们慢慢生成新树皮，以遮盖裸露的木质部分时，维管形成层就自动参与进来。这层玻璃般透明的生长层，会向外分泌新的树皮细胞，向内分泌木质细胞。由此，一棵完好无损的树随着年岁的增长，它的树干能够慢慢长粗，并毫无压力地支撑起日益变大的树冠。

但是在树皮受伤的部位，这完美的结构就被破坏了。在新生成的树皮下会形成一个很厚的木头凸起——之所以很厚，是因为树木急于治愈它的伤口。如果它拖拖拉拉，那么菌类和昆虫就会获得更好的机会，完全不受阻拦地侵入树皮内部。在这种危急的局势下，树皮的纤维是否完美分布，就根本不在树木的考虑范围之内，首先这也没有任何意义。在几年之后（对的，树木真的就是这么慢吞吞），一切终于结束了：伤口被成功修复，只是一个大疮疤会伴随树木一生，并向世人展示着，一头鹿或者一台拖拉机曾经给它造成过的伤害。当然，过去的伤害不会被忘记，然后有那么一天，严酷的霜冻来了。树木那潮湿的外层会被冻得像石头一样硬，而树干也几乎要被冻裂开来。

在这种情况下，树干内部不存在多余的应力就变得非常重要，而正是这点，我们这位“伤残老兵”的缺点就严重地暴露了出来。在树的旧伤口部位，当初愈合过程中所生成的木纤维，结构一塌糊涂，而这些被冻透的木纤维，会对伤口周围造成不同强度的挤压。在冬季寒冷晴朗的夜晚，整个森林里会回响着射击一般的声音。那不是猎人们正在扣动他们的扳机，真的不是，那是橡树发出的悲鸣。它们伤口部位的纤维组织出了问题，并急剧地迸裂开来，而这迸裂的声响在一公里外都清晰可辨。在专业术语中，人们称这种自然现象为“冻裂”。

* * *

如果夏季的气温过高，树木还会出现其他的问题。正常情况下，橡树可以对它们所处的小环境进行自我调节——它们会共同排汗，就像上文提及的，在炎热的气候里，树木会蒸发巨大的水量。排放出的湿气可以将空气温度降低好几度，由此树木能获得一个它们感觉舒适的温度。但如果出现持续数月的干旱期，那么它们在地下的储备水总有一天会用尽。于是第一棵缺水的树，会通过“树木互联网”发出警告，以此劝告它所有的同伴：最好节约使用仅剩的水。

如果天气持续干旱，太阳在天空中继续炙热地燃烧，那么树木只能启动应急方案来获取帮助。首先是一部分的树叶慢慢变为黄褐色，然后逐渐掉落。通过这一步，树木可以稍稍减少它们散发水气的面积，但是与此同时，它们生成糖分的能力也极大地降低了。也就是说，树木的饥渴被饥饿所取代，这是这个应急方案的小弊端。

当过了干旱期，雨水重新降落时，树木还是无法在盛夏和晚夏阶段重新长出叶片——通常叶片的生成只发生在6月末之前。结果就是：在第二年的春季，树木需要耗尽它所有的储备能量，用于生成新的叶片。如果这时树木受到害虫的侵袭，它将没有多余的力气来抵御这一侵害。此外，现代化森林经济又给树木带来了第二重风险：作业中所使用的大型机械会压实土地，这样会造成土地蓄水能力的下降，因为土地中的空腔被成吨的重量压塌了。类似地，在木材收获期，这个树木的“水箱”会被进一步压平，因此树木在炎热夏季里缺水的情况就变得愈发严重。此外，温室效应也会使这个区域的缺水状况更加恶化。

目前的气候变迁，不仅使大气温度有所提升，还激发出人们各种各样的想法：有的人认为，这是人类的终结，也是这个生机勃勃世界的终结；另一部分人则表示反对，他们认为这是自然现象，由此产生的波动现象也属常见。而后者所说的是一个众所周知的事实：所有人应该都听说过这两个名词——冰河期和间冰期，这两个时期会在一段很长的时间间隔内交替出现。虽然我坚持认为，人类的所作所为已经造成了巨大影响，是气候转变的罪魁祸首，但我还是愿意先从对立观点的角度来分析一下。让我们来看一下自然中二氧化碳的循环过程，而且是很长一段时间间隔内的循环。

在大约五亿年前的寒武纪，地球上就已经出现了我们遥远的亲戚——脊椎动物。它们必须克服当时所在环境的二氧化碳浓度，而那时二氧化碳浓度的数值对我们来说简直就是天文数字。我们目前正在将空气中二氧化碳的浓度从280ppm（parts per million，指百万分比浓度）升高到超过400ppm，而在寒武纪这一数值超过了4000ppm。在那之后二氧化碳浓度先是大幅度下降过一次，之后在大约两亿五千万年前，又一次大幅度增长至大约2000ppm。那时地球的环境由于高温而崩溃了吗？

我们再来看看很多科学家所预言的未来：如果我们所处环境的二氧化碳浓度继续上升至一个数值，那么人类在这个数值下将无法继续存活。而这个数值，仅仅比工业化以前的二氧化碳浓度高出几百ppm。这样的说法当然不正确，否则现在连一个人类的个体都没有了。最终，二氧化碳浓度发生改变的速度，以及物种对这种改变做出适应性调整的可能性，才是真正的关键所在。也正是这个关键点决定了这一类型的气候变化，到底是一个灾难，还是一件好事。

事实上，这类改变的速度基本上都非常缓慢，尤其当它还与板块构造理论——即大陆的漂移相关。当地球的板块快速移动时，比如说非洲板块漂移到欧亚板块下方，在板块冲突地点，陆地会向上折叠形成山脉。这样的山脉耸起得越高，它的岩石被风化的速度就越快——这一点从阿尔卑斯山脉中，各个山脚和山坡周围的碎石堆里，可以明显看出。风化所产生的物质，会以沙砾和尘土的形式被水流运走，并随后再一次淤积起来，同时被运走的也包括二氧化碳，因为它与被转运的物质固定在一起。在地质构造运动不活跃的阶段，由粉碎的岩石所产生的新鲜沙尘数量也会相对较少。而这时火山参与了进来，它们会喷出炙热的岩浆，并且通过高温，将固定在岩石中的二氧化碳重新释放出来。因此，在地质构造运动的平静期，被释放出的二氧化碳数量，要多于被风化物质带走的数量。而当地球非常活跃地推动它的大陆板块互相碰撞时，这一结果又会反过来。

这听起来是不是很复杂？我也这么认为，但是这个巨大的循环非常重要，它可以帮助我们整体理解二氧化碳的来源。火山可以将岩石中的二氧化碳返还到空气中，如果这一过程不存在，那么我们将会面临一个完全不同的问题：我们的二氧化碳会在某时某刻耗尽，而这将是个灾难。对于我们来说，氧气之所以被称为最重要的物质，是因为我们需要氧的帮助，来燃烧我们身体细胞中的碳化合物。如果没有碳元素，那么我们最重要的呼吸运动就失去了意义。碳元素在植物中是以糖分和淀粉的形式存在的，而植物的碳元素则需要从周围的空气中获取。所以我们必须清楚一点：二氧化碳是不可以耗尽的。

然而从一个非常长远的角度来看，二氧化碳的耗尽是可以预见的，因为从几亿年前起，除了波动的状况外，二氧化碳的浓度是持续降低的。而且地表的温度越高，这个过程进行得就越快——热度可以加快岩石风化侵蚀的速度，从而加速沙尘带走二氧化碳的进程。

在这里，关键词是几亿年：是的，二氧化碳的浓度正在持续下降，而且有极大可能将会长期下降，当然，这气体还不至于完全耗尽，因为火山总还是会排出一些。而生物也会通过自身的调节，来适应二氧化碳浓度的降低，就像它们今天已经做的那样。而对于我们来说，更具有决定性意义的，是一些短时间内的改变，即那些破坏了完美生态平衡的突变。这类突变在整个地球发展史上屡见不鲜，而它们造成的后果就是，每次都有一些物种随之突然灭绝。目前，我们一直将目光集中于空气中二氧化碳浓度的数值，就好像一只兔子凝视着一条蛇，其实，这数值的变化速度才具有决定性的意义，也才是我们最需要担心的。基本上，更高的温度并不是什么坏事，前提是大自然还有能力对此做出相应的调整。

然而对于树木而言，问题就变得特别严重。树木群体性的迁徙是非常缓慢的，它们通过风或者鸟类，将它们的种子运送到目的地，依靠这样的方法，想要在短短几年内向北方迁徙数百公里，不是那么简单就可以做到的。那些通过松鸦运送的山毛榉坚果，首先必须能生根发芽，正常生长；经过很长一段时间后，才能成熟并繁衍它们自己的后代。这样一段向北迁徙的旅途，会因此几次三番地被长达几百年的间歇期打断。因此它们的平均旅行速度，只有大约每年 400 米。也就是说，树木这种向北的逃避行动会持续几千年——这么长的时间，是山毛榉、橡树和其他类似物种所没有的。而那些已经身处北方的物种，就必须考虑一下，如何应对这正处于改变中的环境。

比如那些可以通过释放出萜烯来呼风唤雨的大片针叶林，它们就必须在气候变化的那段时间内更加奋发努力了。然而恰恰在北方地区，针叶林可以说是发展迅猛，太阳在天空中燃烧得越炽烈，云杉和松树就会排放出越多的颗粒物，用以生成冷却的云层。这类森林目前可以进化出如此高效的自我救助手段，实在是非常惊人。但是对于树木来说，要在短时间内对人类活动造成的环境改变做出回应，当然是不可能的，除此之外它们活得实在是太久了，快速反应就更无从谈起。基因的改变只会出现在连续几代的遗传过程中，而对于树木来说，这种改变基因的可能性，只会出现在母树结束了它的生命并且为其后代腾出空间的时候，根据树种的不同，这种可能性几百年才出现一次，有些树种甚至需要上千年。如果环境波动在一棵树的整个生命过程中成了一种规律，而不再是意外，那么这棵树，或者更准确地说，这整片森林就必须寻找出一个对策，来恢复原本的平衡。

为此树木必须能够从一个地点离开并转移到另一个地点，但是它们无一例外地不具备这样的能力。这是一个真正进退两难的境地，因为每一个物种都只适应某一种特定的环境，也只有在那个环境下它才能茁壮成长。椰子树需要永恒的热带气温，在冰冻环境下它的处境会相当凄惨；而与之相反，我们家乡的阔叶树就无法忍受一个没有冬眠期的植物生长模式。好吧，人们可以说：其实每一个物种都准确地生长在气候条件与它完美匹配的地点。只不过由于地球拥有如此多元化的气候条件，所以进化出一万种阔叶树和针叶树都是可能的。

然而目前的气候条件经常在改变，而这改变对于树木来说相当快。这情况也出现在欧洲，这里的气温在过去的几百年间有过非常明显的波动，尤其在那个被人们称为“小冰河时期”的阶段。科罗拉多大学波尔得分校的科学家们认为，大量的火山爆发是出现那段寒冷期的主要原因。

从 1250 年开始，有四座赤道附近的火山几乎同时喷发，它们排入大气层的火山灰，迅速地覆盖了整个地球，太阳辐射也因此受到阻碍。研究人员认为，由此带来的后果是全球温度的降低以及冰川面积的扩大。而冰川的反射效果导致温度进一步降低。全球气温平均下降了 2.5 摄氏度，这个改变的幅度相当大。您可以想象一下，如果我们今天的平均气温上升 2 摄氏度会造成多么严重的后果。直到 1800 年之后，气候才开始慢慢回暖。而对树木来说，那段寒冷的日子给它们带来巨大的压力，因为所有个体都必须待在原地，默默地忍受那疯狂年代。而且，气候并不仅仅是变冷了，真的不是，在这期间极端炎热的夏季也经常反复出现。

对于树木来说，两个能力可以帮助它们忍受这忽高忽低的气温变化：一个能力是大部分的树种可以适应很大的气候范围。从西西里岛一直到瑞典南部您都能找到山毛榉踪迹，而桦树的分布可以从拉普兰德一直延伸到西班牙。另一个能力是同一树种内的遗传宽度非常广，以至于在一片森林中您总能找到某一棵树，这棵树对于新的气候条件适应得比其他大部分树都好。在气候不稳定的情况下，这类适应得更好的树木会加速繁殖，并且重建一片新的森林。

当然，就目前的气候波动程度来说，无论是山毛榉的能力，还是针叶树的造云活动，效果都不算理想。一旦天气变得太热，树木就会得病，然后迅速地被小蠹虫杀死——这些小虫子尤其喜爱虚弱的云杉和松树。

* * *

树木能否成功逃离高温环境的决定性因素，在于它们的旅行速度。那么一些种子既小又具飞行能力的树，在这方面是不是更具优势呢？这也不一定，因为树木在繁殖的过程中存在一个很大的问题：它们必须给自己的胚胎——也就是种子，提供相应的营养储备，而这储备一般是以淀粉或者油和脂肪的形式存在。树木刚刚抽芽的后代，必须在刚开始的几天内成功发育出它们的实体，而在这期间它们并不能通过光合作用获取任何能量。刚抽芽的小树将根扎入土地，并从那里汲取水分和矿物质，同时，它们发育出子叶，这小叶片同它将来发育成熟时所拥有的“太阳帆”相比，外观上还有着很大区别。直到此时，这个小生命才可以自行通过太阳光、水和二氧化碳，合成它所需要的糖分，它才算真正地独立了，这同时意味着，它不再需要母树提供一路携带的营养储备了。树种不同，这营养储备量的大小也是有区别的。

让我们从营养储备量最小的柳树和杨树的种子开始介绍。它们实在太细小了，以至于您只能在那毛茸茸的飞絮中看到一个小黑点。它们单独一粒种子的重量仅有 0.0001 克。在柳树和杨树的幼苗开始呼吸运动，并且能够通过娇嫩的叶片自行生成营养物质之前，依靠微不足道的营养储备，幼苗最多也只能长到一至两毫米高。这也就意味着，只有在没有危险竞争者的环境下，这些小幼苗们才得以生存。因为那些高大的树木会投下阴影，使这个小小的新生命由于失去阳光而立即夭折。如果这个身处绒毛中的小种子落到了一片云杉或者山毛榉林中，那么它的小生命在真正开始之前，就已经宣告结束了。柳树和杨树也因此被归为先锋树种，因为它们能够很好地在处女地生根发芽并定居。

这样的处女地往往出现在：火山喷发后或山体滑坡后，抑或是一场森林大火导致所有的植物被彻底清除后。而在这样的处女地，柳树和杨树的幼苗可以充分利用它们自身的优势。在没有竞争对手的情况下，幼苗能够在第一年就长至一米高，此时它们再也不会受到新兴的草本植物和野草的制约。当然，幼苗的首要任务是先找到这样一个地方，而由于飞絮和上面的种子并没有配备“机载电脑”，“操控性”也就无从谈起，它们基本只能靠数量取胜。在这无数的小飞行员中，总有那么一名可以降落到一片优良的土地上。这些小先锋的母树会释放将近两千六百万的种子——仅仅在一年之内！每 20 到 50 年内，只要这些小先锋中的一员能够成功扎根，并且生长至具备繁殖能力的年龄，那么这个物种就能够得以延续了。这听起来是不是有点浪费？可是很明显，它们没有其他更可行的方法，因为柳树和杨树需要找到一处理想的地点来繁衍后代，但是它们对这地点的具体方位又全然不知，所以这样的浪费在所难免。

但是树木其实还是有其他方法来迁徙的，就像山毛榉和松鸦所展示的那样，如果迁徙的目的地是另一片森林，那么通过“空中快递”来运输种子，就是一个很好的替代方法。松鸦的飞行距离一般不超过一公里，然后它们就要“卸货”了，但是这个距离对于山毛榉来说，已经足够远了，因为山毛榉的目的地并不是那些植物稀少、森林稀缺的土地，而仅仅是任何一个能够到达的地方。树木必须将它们的种群一点一点不断地向北或者向南迁移，这样它们就能够在没有人类协助的情况下，永久地迁离那些气候变得特别炎热或者寒冷的地方。

一般这类迁徙活动执行起来都非常缓慢，因此松鸦那狭小的活动半径，对于山毛榉来说已经完全足够。而且山毛榉只会选择一小部分种子用于扩散，剩下的一大部分种子将在它们自己的母树脚下生根发芽，并慢慢长大。山毛榉、黄杉以及其他很多喜欢群居生活的树种，都很爱它们的大家庭，如果您觉得这听起来有点夸张，那么您应该关注一下加拿大科学家苏珊娜·西马德的研究成果。她通过研究发现，母树能够通过根系，感知它脚下的树苗，并且可以分辨出这棵树苗是自己的子女，还是其他同类树木的。而且母树只会将根系与自己的子女粘连，并以此给予子女成长所必需的糖分溶液——也就是真正的乳汁。不仅如此，为了它们的后代能够更好地生长，父辈的树木还会抽回自己地下的根系，以此为小树们让出更多的空间、水分和营养物质。

既然这种家庭成员共处的需求如此强烈，那么让后代脱离自己的庇护，让风或者鸟类带它们远赴他乡的做法，意义何在呢？这么做的意义很小，这也就是为什么山毛榉坚果不会选择飞出去。它们中的绝大部分只是简单地从枝头落下，并落入它们母树温暖的落叶层中。这种快速的旅行也是一个不错的选择。

当然，如果某一只松鸦将它冬季的粮仓安置在一片云杉林中，那么总有一天，会有一颗山毛榉坚果被带到那里，而由这颗果实抽芽生出的小树苗，在那里就能够很好地存活。起初它只能获得非常少的阳光，并且必须忍耐。然后小树苗会一毫米一毫米缓慢地向上伸展它的嫩枝，直到有一天，它到达了森林的林冠，终于能够沐浴在温暖的阳光之下。而此时，这棵树也可以繁殖它自己的后代了。由于这棵树完全孤立无援，又距它的家族有几百米远，所以它的生存条件肯定不如其他山毛榉那么优越。但是它可以完成一项非常重要的任务：当气温条件稍有变化时，它就是一片森林的希望和起点，使这一种群能够继续向北延伸。

正常情况下，这是一个绝妙的策略，但是按目前情况来看，这类结有大型果实的树木，行动太缓慢了。难道人类不应该帮帮它们吗？我们是否可以将山毛榉坚果运送到挪威和瑞典，在那里建立一片新的山毛榉林呢？并且与此同时，在腾出的空间内，我们可否引入一些地中海的树种（它们目前也有着同样的问题），并种植在我们的森林里呢？

可以看到的是，目前在瑞典南部和挪威南部地区已经出现了山毛榉，但我依旧认为这不是个明智的做法。我们对于气候变化及其类型的认知实在是太少了，也不知道气候在局部区域内将如何发展。全球变暖并不意味着再也不会出现寒冷的冬季，只是出现的频率会降低。所以，如果我们将那些热带性气候的树种移植到德国这里来，很有可能它们会在某一个极寒的冬季全部被冻死。另外，一个树种，像我们一直介绍的山毛榉，与整个生态系统以及其中的上千物种紧密相关。所以，我们应该将目光更多地集中于，如何才能避免环境温度过快地升高——这样，树木以它们那缓慢的旅行速度，还是可以应付得过来的。

然而，森林中还有一种“热源”，对树木的威胁更大。由于某些种类的树木具有非常高的可燃性，堪比满满的汽油桶，所以森林中也会出现火灾隐患。

第十三章

不能更热了

It does not get hot

大自然为了养料的循环而设计出这样一个灵敏的“冷”系统，
为上千物种带来益处，而非一把大火就能将其全部烧毁。

森林是一个巨大的能源储藏室——因为无论是活着的还是死去的生物质，都含有非常多的碳元素。根据不同的树木种类，每平方公里土地的碳储备甚至会超过10万吨，这相当于36.7万吨二氧化碳（由于在燃烧过程中额外增加了两个氧原子）。此外，在针叶林里，树木还含有危险的可燃物质：树脂和其他易燃的碳氢化合物。这也就难怪，针叶林为什么如此易燃，并且经常发展成持续一个月之久的大型森林火灾。难道是大自然在此犯了个错误吗？为什么大自然要如此进化？这简直就等同于进化出一个敞开口的火药桶。

然而大自然也是可以有其他选择的，比如阔叶树的存在就很好地诠释了这一点：它们在活着的状态下，对火完全免疫，您自己也可以轻易地验证这一点（不过请只在单独的绿枝上做这一实验）。无论您将点燃的打火机放在树枝下多久，树枝都不会燃烧。但是与阔叶树相反，云杉、松树以及它们的同类，哪怕只是处于鲜嫩多汁的状态，也会轻易着火。这到底是为什么呢？

在森林生态学家之中，流传着一种说法：在欧洲北部地区，也就是大多数针叶树的发源地，火应该算是大自然复兴过程中重要的因素，甚至促成了物种多样性。有一句格言是这么说的："森林大火成就了物种多样性。"依据这一句格言，在德国国家森林管理局的主页上（waldwissen.net），有人发表过一篇文章，对火大唱赞歌。

我认为这样的说法从很多方面来看，都是十分荒谬的。单说"物种多样性"这一概念，为了能从数量上加以证实，人们至少应该知道，我们森林里到底存活了多少物种。而事实是：许多生物至今还未被发现——这也包括中欧这里，即便相比之下这里的人们对生物做了更多的研究。即使是那些已经被发现的物种，人们对它们的生存状态常常也没有研究得足够彻底，也不知道它们究竟会在哪些地方出现。发现某个物种，这一说法不外乎就是，某一次在某个地方，人类偶尔看到了这一物种并将它记录下来。

一位科学家曾在我森林小屋后面的一片林子里，发现一种小型的原始森林甲虫。在整个莱茵兰－普法尔茨州，这类甲虫只在另外两处地方被人看见过，而发现的时间要追溯到20世纪 50 年代。那么是不是这类昆虫非常稀少呢？对此我们也不知道，因为同许多其他科学领域的情况一样，我们没有继续研究下去的资金。然而有一点可以肯定：在我房子后面林子里发现的这只小虫子，属于象鼻虫科，而它已经在很长一段时间内保持着单一的生存条件。由于这种原始森林里的生存条件，几百年，甚至几千年都几乎一成不变，所以这些小虫子渐渐失去了飞行的能力。既然它们在附近就能满足需求，何必还要飞去遥远的别处呢？

所以，这类昆虫的生存区域会在很长一段时间内保持固定，也就不那么奇怪了。而象鼻虫的出现，也预示着它们所处地区的树木，在很长时间内没有改变过状态。假如发生一场森林大火，并且火势蔓延至很大一片区域，那么这一地区自然系统的平衡就将被彻底打破。而这些居住于此的小昆虫应该逃去哪里呢？更重要的是：它们逃跑得能有多快呢？光靠腿来逃跑的话，象鼻虫很难逃脱得了大火，而蝇类昆虫则已经改变了它们的出行方式。在我看来，所有这些生物的行为都表明，大部分的森林大火都不为自然中的生物所知晓。

此外，还有其他原因，能够解释为什么我认为“森林大火原则上可以归为自然现象”这样的说法十分荒谬。人类早在数十万年前，就学会了取火，而根据“取火”定义的不同，甚至可以追溯至更早。如果将直立人算作我们祖先的话，那么大约一百万年前，火就一直伴随着我们的祖辈。科学家得出此结论，是因为他们研究了南非的Wonderwerk洞穴，并且发现了那个时期明显的使用火的痕迹，当时的火由树枝和干草维持并用来做饭。通过对人类祖先牙齿的研究，这一猜测得到了进一步证实，并且火出现的时间还有可能再提前两倍。之所以现在的人类能进化出如此发达的大脑，是因为他们更愿意食用加热过的食物。烧过的食物，含更多热量、更易于咀嚼、也更容易被消化。所以也就不足为奇：人类与火的关系从那时起就已经密不可分了。

火灾早已不仅仅是一种自然现象，而是发生在所有我们祖先的生存空间内，人类文明造成的后果。现在人们如何能将自然产生的火与人为生成的火区分开呢？在我看来，只要是人类和树木一同出现的地方，这两者就无法被区分开。时至今日，人们如何从一层焦土中探究出，引发某一场森林大火的究竟是闪电，还是由居住在洞穴中的人类所生的火？这样的火灾会定期出现，然后持续地改变了森林的面貌。由此，森林大火绝不能被解释为自然现象，最多也只能算是伴随着人类定居而出现的产物。

另一个用以反对“大火是自然生成物”的论据是非常古老的树木。比如“Old Tjikko”，那是一棵生长在瑞典达拉纳省的云杉。根据科学分析，这棵小小的树木被证实已经活了9550年，而且还会继续活下去。假如在此期间这一区域遭到森林大火的袭击，那么Old Tjikko必定在很久之前就已经去见它的先辈了。

然而，仅仅在欧洲，每年就有几千平方公里的森林发生火灾，尤其南欧最为严重。引起大火的原因很多。首先，早在古罗马时期，罗马人就为了建造海军舰队，大规模地砍伐树木。大片土地因此遍生灌木，但是依然没有机会休养生息，因为这片土地又被当成了饲养牛、绵羊和山羊的牧场，以至于几乎所有的小树都没有长高的机会。直至今日，这些生满灌木的土地依然毫无遮挡地暴晒在烈日底下，而那些干燥的灌木丛与草丛，为生出火苗提供了最好的条件。到了新的时代，那些在大火中保存下来的树木——通常是不同种类的橡树类，又经常被松树以及桉树的种植园所取代。与橡树不同的是，这两类树就像导火索般易燃，而这一点，可以通过过去几十年的森林大火统计数据清楚地反映出来。

而一场森林大火的开始，总是因为某个地方出现了一个火苗。出现火苗的原因很少是闪电，而是人类出于不同的动机，主动将森林点燃。经常有一些建筑计划，受限于森林里不允许建造房屋的规定而无法开工。但是如果树木都被砍光，人们就能建成新的酒店和住宅区。于是就有了 2007 年发生的那次破坏性极大的火灾，仅在希腊就有超过 1500 平方公里的森林付之一炬。在凯尔法湖的自然保护区内也有 7.5 平方公里的森林被波及。之后这些森林面积没有被归还于自然，相反，政府决定在那里修建旅游设施，甚至有大约 800 幢非法建造的楼房，在政府做出决定后拿到了许可证。而比这更糟的是有些消防人员的动机，他们为了不面临失业的危险，甚至在无火灾的时候自己点燃大火。

大部分的火灾有一个共同点：它们是直接或者间接由人类的行为引起的；通常大自然本身不是引起火灾的根源。但是这可以给森林经济带来一个砍伐树木最好的理由：如果原因真的在于自然的话，那么在收获树木的季节，同时砍掉一片区域内所有的树，也变得不那么有害了——反正大自然迟早也会将这里夷为平地。

可惜，事实却与之相反。欧洲的原始阔叶林有一个特征：长期不改变习性。所以这些树木也没有进化出抵抗大火的能力。虽然它们在活着的状态下，非常难着火，但是它们的树皮还是无法忍受高温。比如山毛榉就表现得非常敏感，它们甚至会在阳光下，空旷无遮挡的林子中，出现晒伤的情况。

虽然对于全球大部分森林来说，树木对森林大火没有抵抗力，但还是会有一些生态系统，为应对这样的突发事件做好了准备。当然它们并不是做好了所有树木都被烧毁的准备——这对于地球上任何一处森林都是意想不到的灾难——而是对地表火有所防备。与森林大火相比，地表火完全是另一回事，因为它只摧毁较低矮的植被，如草以及草本植物，而不会殃及树木，至少不是较老的树木。较老的树能够忍受一时的高温，这点人们从它们的树皮上也能看出来。

这样的情况出现在北美红杉（学名: Sequoia sempervirens）中，这类树是全世界长得最高的树种之一。一棵北美红杉可以长到超过 100 米高，并且存活几千年之久。它的树皮又软又厚，还能防火。如果您在城市公园里看到一棵北美红杉（全世界范围内很多城市公园都有这样的树），那么请您凑近它，并用拇指按压一下树皮，您会非常惊讶地发现，树皮是那么软。原因是树皮里含有大量的空气，而空气可以起到很好的隔绝作用。由此，它们的树干在夏季可以忍受住草或灌木着火所引起的迅速扩散的火焰，且不被烧伤。

然而，这类树种只有长到一定树龄后，才具备这种自我保护的能力；北美红杉的幼树则因为树皮太薄，会在大火中严重受损，且经常会燃烧起来。北美红杉在它漫长的生命中，预料到了大火的存在，但它们并不对火本身有所需求，火也不是它们存活的必需品——这经常被人们混淆。同时，北美红杉也揭示了一点：即使有些树种为大火做好了准备，它们也不希望燃烧起来；而相反，在有些地方，大火明显是自然生态系统中的组成部分，那里树木会将自己武装起来，使自己非常不易燃，也就不会使整片区域陷于一片浓烟与灰烬之中。

同样，发源于北美西部的西黄松（学名: Pinus ponderosa），也长着厚厚的树皮，这是为了使它们的维管形成层——位于树皮与木质部之间的生长层——免受高温灼伤。这厚树皮的作用同北美红杉一样，只出现在较年长的树木中，并且只有当火苗没有接触到树冠的时候，才有效。树冠上生有一些含有易燃物质的针叶——一旦针叶开始着火，那么大火会迅速从一棵树传至另一棵，进而烧毁整片树林。森林被臆想为自然火灾的始作俑者，但树木其实只是表现为：第一，它们憎恨火元素；第二，它们在相当长的生命过程中，找到了应对闪电以及由此引发的地表火的解决办法，并以此活得更久一些。

有人对于“森林大火使养料得到释放，并能回收死去的生物质”的说法大为赞许，但在我看来，这种说法就是无稽之谈，它只是弱化了一个事实：自远古以来，人类取火造成了生态系统的破坏。而且通常也不是火将储存的养料释放出来，然后以灰烬的形式来给新生的植物提供营养，而是数以亿计运送垃圾的动物，完成了这一满是污垢的工作（而它们却会因为一场森林大火被全部烧毁，只可惜这群小家伙没有厚厚的表皮）。

* * *

然而，完成这一满是污垢任务的工作者，却不会得到其他动物的感激。至少人类对这些数千种类、又小又不起眼的生物完全不感兴趣。比如甲螨，是否您会马上联想到尘螨，然后起一身鸡皮疙瘩？再如等足目昆虫，时常会出现在门口的鞋垫底下，它们也不会让人产生半点怜悯。还有许多类似的生物，出没于树木底下的落叶中，然而它们对生态系统所起的作用，却比大型哺乳动物重要得多。因为如果没有这些重要的小生物，树木将会窒息在自身产出的废料中。

山毛榉、橡树、云杉以及松树，都持续产生新的物质，同时也必须清除废弃的物质。最明显的交替出现在每年秋天：老的树叶完成了它们的使命，有些变得破损而有些被蛀了虫洞。在树叶与树分离之前，树木会将废料泵入树叶中——换个说法，也就是树在进行排便。完成排便后，树会形成一个分离层，并随着下一次大风的到来，将叶片连带所有废弃的物质排向地面。这踩上去飒飒作响的树叶，会厚厚地铺满整片土地；而它的作用，基本上就等同于树的厕纸。

阔叶树会在冬天直接掉光所有绿叶而完全变得光秃秃，相反，针叶树会保留其树上的针叶好多年，而每次只掉落一部分最老的针叶。这与针叶树最初的生存空间有一定关系：在遥远的北方，植被的季节交替周期非常短，树叶的生长与掉落只持续短短几周。树叶几乎还没有变绿，秋天就又到来了，所有树叶又必须掉落。树木只有几天时间可以进行光合作用，要想长得粗壮几乎不太可能，就更不要提结出果实了。

因此，云杉及其同类会将绝大部分的针叶保留在枝头，这针叶的储备有助于在冬季防冻，以防低温下树木被冻死的情形发生。当天气一回暖，树木又能立马产生出糖分，并且能够不费时不费力地萌发出新芽。整个冬天它们似乎都在静静地等待短暂夏天的到来，让它们能够有所作为。然而保留在枝头的针叶增加了树木的受风面积，这样它们在冬天更容易被风暴掀翻，或被大雪压弯，所以它们将树冠进化成了对它们更为有利的尖细形状。由于植物生长的季节很短，针叶树的生长速度也就很慢，以至于云杉在几十年之后只能长到几米高。杠杆效应在暴风中表现得相对不太明显，所以对这些常青树来说，针叶所带来的风险与机遇处于一个平衡状态。

至少在一些四季分明的气候区域内，绿叶会在秋季掉落。就算是在热带，叶片也会在某个时间完成它的使命，它会变得破损，最后被新的树叶所替代。伴随着这样的过程，总有一天这一片片的“太阳帆”会落向地面，并且掩盖之前落下的已经几米深的落叶层，然后在那里永久地待下去。那么总有一天，土壤会被耗尽，整棵树由下至上直到树梢，会全部被叶子所覆盖——那么这棵树也就算死亡了。

而这时，数亿的生物大军出现了，它们是病毒、菌类、弹尾虫、甲螨以及甲虫。它们并不是主观上想要为树木做些什么，而仅仅是因为它们饿了。它们中的每一类都使用各自不同的方法，来瓜分属于它们的那部分食物。有些喜欢树叶经络间的狭窄部位，也有些喜欢树叶的脉络本身，另一些则喜欢前面那几类树所排泄出来的碎屑状粪便，并将粪便进一步分解。

在中欧，这些生物所组成的“联合工厂”，一般需要三年时间将这树叶反复利用之后，转化为粪便，或者说得好听些，是转换成腐殖质了。依靠这些腐殖质，树木又能继续扎根于土壤中，并且从那里汲取足够的养分来提供树叶、树皮以及木质的形成。至少到目前为止是这样。

那些微生物进食后会在它们体内生成自己的养料，而这部分养料的命运又如何呢？其实，这些微生物小家伙的命运同树叶如出一辙。最好的情况是，它们会在死后被其他物种吃掉，而它们体内的养料被再次排出。而最差的情况是，它们在还活着的时候，就被吞食了。因为在落叶层中，每天都上演着小小的戏剧。就好比在非洲草原上狮子猎捕羚羊，弹尾虫也会遭到蜘蛛和甲虫的捕食。在一平方米的森林土壤中，以及在其很深的腐殖质层里，存在着数十万的微生物大军以及数以百计的猎捕者。如果您有足够的耐心和敏锐的眼力，那么甚至可以观察到这一幕，因为弹尾虫身长有几毫米，蜘蛛和甲虫就更大了。

在动物体内累积的养料，通过动物的排便，不久后又重新回到自然的循环之中，同样又为植物提供了新的养分。然而有一点是微生物不喜欢的——寒冷。如果温度太低，这些微生物就停止活动了。在一个完好的森林系统里，地表以下 10 到 20 厘米的土壤层，都会是冷的。而那些被雨水冲刷到地下这个深度的腐殖质，就几乎无法再被那些菌类和病毒所触及。

这一层黑褐色的腐殖质在经过了数千年的变迁后，蕴含了越来越多能量，而在经历数次地质变迁后，最终有一天演变成煤炭。其余部分被雨水冲刷到越来越深的地下，或者换个更好的说法，经过数十年，它们被一股极缓慢的水流，慢慢地带入了地下更深的不同地层中。而在地下这些地方，居住的是我们已经提到过的行动极慢的地下生物。向下越深，这些地下生物对时间的意识就越差，它们同样也喜欢这些有机物质，而不是由森林大火燃烧后产生的灰烬。大自然为了养料的循环而设计出这样一个灵敏的“冷”系统，为上千物种带来益处，而非一把大火就能将其全部烧毁。

然而这样的循环系统经常还是不能如最初那般正常运作，因为它多次受到人类的干预与破坏，而森林大火只是众多破坏中的一项。

第十四章

自然与人类

Nature and man

人类10万年来进化的结果就在身边，
而且很直观。
如果您是拥有浅色皮肤和蓝色眼睛的白种人，
那么每天早上从镜子中您都会看到一个已经灭
绝的物种遗留下来的特征。

现在，让我们直截了当地以一个最难回答的问题开始这一章节：自然究竟是什么？它是我们无法触及的热带森林，或是偏远山脉中那些人类无法攀登的高峰？还是阿尔卑斯山中鲜花盛开的高山牧场，以及草地上带着泥泞色彩的母牛，被牵引的牛脖子上还挂着巨大的铃铛？还有被遗弃的露天矿是不是也该算上一份？因为那里汇聚了水流，从而响亮的蛙声接连不断。或许每个自然爱好者，都有着各自对自然的定义。还有一种比较简单的流行说法是：自然是文明的对立面，也就是说，自然是所有人类还未涉足或改变的地方。这一表述刻薄而又清楚地为自然的范畴做出了一个界定。

另外还有一种见解是将人类看作自然的一部分，当然其中也包括人类的行为，因此自然与文明是密不可分的。这恰恰也让现代人对环境保护提出了疑问：究竟什么才是真正值得保护的呢？而什么样的行为会对自然构成威胁，甚至于破坏自然呢？看起来摆在我们面前的是个不太容易回答的问题。

其实您只要将目光投向更远处，就能发现完全不同的情况。亚马孙河流域的热带雨林，当然应该尽可能保持未被开发的状态。被国际法定义为不属于任何一个国家的南极洲，也理应保持现状。如果将相同的立场用在其他区域，那么澳大利亚的珊瑚礁群，或是堪察加半岛的原始森林，也应该如此。但是人们总是在自身所处的环境中，将这条准则变通成了：或许人文景观更值得保护，尤其是当原本的自然风貌已经彻底消失的时候。我的主张是将自然与人类清楚地区分开，不然的话，不知哪一天，婆罗洲的油棕榈种植园也将被划分为自然的一部分。

然而自然与人类真的那么容易被区分开吗？从哪个历史时期起，人类算是成了自然的干扰者呢？如果我们从人类的存在开始算起，那么我们的祖先——直立人同我们之间只存在极其微小的差别，是不是也该包括在内呢？这里涉及很多问题，而没有一个问题有明确的答案。

我个人倾向于将这条分割线划在人类从捕猎和采集食物向农耕过渡的阶段。从这一分割线往后，人类开始有目的地种植农作物和养殖动物，从而改变了很多物种。自此，人类开始有意识地改变自然环境，并将其改造成一个完全符合人类需求的生态系统。

而第一个出现的对环境不可逆转的破坏就是使用犁来耕地。在人们用犁将深层土壤翻到土地表面的同时，会将更深一层的土壤抹平，从而形成了一个紧实的平面。这种被称为犁底层的土层会在地下存在数万年，它就像一道屏障，阻挡了雨水向下渗透，氧气也同样无法逾越这一道屏障。结果许多树木的根须一旦想要穿过那道屏障，就会腐烂，以至于根须在屏障处变成了扁平状。由此，树木不能牢固地矗立在地面上，从某个高度开始（大约为 25 米），风暴给树木带来的杠杆效应会非常明显，以至于树干很容易被风刮倒。

正如我们已经聊过的鸟类或熊，我们人类也同它们一样，影响了森林及其树木的种类。而这样的影响，不仅仅来自于我们农业引起的偶然改变。我们在德国 98% 的森林面积上进行的种植、培育以及收割都是以工业为目的的。我们身处石器时代的祖先，既不用犁也不用锯，但即便只靠弓和箭，依旧还是搅乱了自然的秩序。由此，我想与您一起，将目光投向几千年前的过去，看看我们的祖先用他们那些简易的工具，给自然造成了什么样的影响。

* * *

树木会对气候变迁做出反应，而其中一次极大的气候波动，发生在上一次冰河时期结束的时候。大约12000年前，最后一块数千米厚的冰川融化了，一片荒芜的土地重见天日。这片土地上已经没有任何树木，因为森林被慢慢向南方漂移的冰块摧毁了。在欧洲，树木同时受到两个方向的夹击，因为阿尔卑斯山也被冰川覆盖，它就好像横插着的一根门闩，阻断了所有物种向南逃离的路线。所以许多物种都灭绝了，另外一些少量的存活者，聚集到了没有冰川的山谷边缘，或者只在温暖的南欧幸存下来。

当冰川慢慢融化，有些植物畏畏缩缩地重新回到这片土地。一开始回来的只是一些苔藓、地衣以及草类植物，紧随其后出现的是低矮的灌木和树木。这片荒芜的土地慢慢演变成为冻原，正如人们还能在加拿大、斯堪的纳维亚半岛以及俄罗斯等北部地区看到的——在那里人们依旧可以直接发现后冰河世纪的痕迹。在这之后，树木再次迁徙回这里，首先行动的是针叶树，比如松树，它们同白桦树一起，携手对抗依旧占据统治地位的寒冷气候。随着时间的推移，橡树和其他的阔叶树也加入了这一队列，并且它们在很多地方将针叶树排挤在外。

针叶派系的一个代表——银冷杉，看起来倒是有些拖拖拉拉。它们明显迁移得十分缓慢，至今才抵达德国中部。直至今日，您还能从阿尔卑斯山那里体验到树木回迁的顺序。山的最高处仿佛还在冰河时期，还能看到冰川。当您越往低处走，气候就越暖和，也就有越多较大的植物加入进来。在 4000 至 5000 年之前，山毛榉也曾从南部迁入德国这里；如果现代人没有对山毛榉持续乱砍滥伐，并且插手种植新树种的话，那么时至今日，它们应该已经在我们德国的原始森林里占据了主导地位。

然而插手这一切的真的是现代人吗？最终同植物一起返回这片绿土的，还有我们的祖先，而他们的祖辈也同样被冰川驱赶到偏南的地域定居。回迁的人类数量，比起由这些人造成的对森林的额外破坏，实在是微不足道。在今天的德国境内，曾经只有不到四千个人身处这片贫瘠的土地。随着气候越来越热，以及森林面积的扩大，人口密度也持续上升，到了公元前 4000 年，当时的人口数量已经超过了四万。按照每平方公里来计算，那意味着一平方公里上不足 0.01 个人；或者换一种说法，一百平方公里内只有一个人。即使人类对燃料需求变大了，但这需求对森林本身却毫无压力。每年树木在这么大的土地面积上，产出超过 10 万立方米的新木材，这相当于 1000 幢现代化的独立式住宅的木材需求量。

对于石器时代的人类来说，寒冷并不是问题，或许饥饿才是最大的问题。也就是说他们会猎捕一些体形较大、能够啃食树木幼苗的食草动物，最典型的代表是：原始牛、美洲野牛或欧洲野牛，以及马和犀牛。上述这些动物可谓吃草的专家，基本上能将草原上的草和树苗啃得精光，以至于森林的扩张受到了很大的阻碍。这一点对我们接下来的讨论至关重要。如果这些动物可以在自然界中创造出满足自身要求的生存空间，并且以相应的种群数量出现，那么很有可能北部地区已经完全不是一片以森林为主的土地了。

如果是那样的话，原始森林中隐秘的统治者将不再是树木，而是大型的食草动物。一大群食草的原始牛、美洲野牛、欧洲野牛以及鹿，扫荡过一片树林，将所到之处所有树木都吃得精光，至少理论上来说是这样。虽然会有许多树重新扎根于此，并且生成很大一片树林，但很快它们又会被全部吃光。马和鹿会不停地啃食橡树和山毛榉的树皮，直至树开始萎缩。那些饥饿的动物不断地咬断新树苗，为了能吃到新的枝叶和嫩芽。然而如今的事实却是，除了鹿以外，所有大型食草动物都从森林里消失了。这些动物真的都是被猎人捕杀了吗？区区几个人类真的能有那么大的影响力吗？

于是，由桑德·范德卡斯带领的一个国际研究小组，参与了对澳大利亚沿海区域已绝种动物粪便残渣的研究工作。他们认为，那些动物的灭绝，应该归咎于大约 5 万年前在这片大陆上定居并狩猎的人类。他们排除了气候变迁的可能性，因为在那段时期，澳大利亚没有发生过类似北半球那么强烈的气候变迁。而在出现第一批澳大利亚人之后不到 1000 年，就有 85%

的大型哺乳动物——这里指的是体重在 44 千克以上的动物，消失了。

然而这一现象与过度捕猎没有关系，恰恰相反：根据研究员的观点，大型动物种群数量上升得极其缓慢，以至于适度的捕猎都会对它们的种群造成严重的伤害。科学家是这样计算的：如果每个猎人每十年只射杀一头动物，那么这也足以使这种动物在不到一百年就灭绝。

如果在捕猎的人类涉足自然之前，真的已经有一大群野牛、犀牛、大象和马形成了我们的自然风貌，那么大自然最多也只是发展出低矮的灌木，而不是无边无际的原始森林。当然那些“大型食草动物理论”的笃信者也知道当时的中欧几乎完全被森林覆盖这一事实。但是他们依旧认为，动物的灭绝应当归因于人类。新石器时代的居民捕杀了这一类大型食草动物，并使它们的种群数量大大减少。这样一来森林就得到了一个大自然计划之外的机会，并且充分利用了这一机会。由此，对花粉的考古分析可以证明，早在这一时期之前，就出现了草原植物。

但是，那里同时也出现了大量树木的花粉，这未必就是个矛盾，因为在巨大的原始森林里，总还是会有一些没有生长植物的区域，可能是沼泽、陡峭的山坡或是河滩，湍急的洪水使树木没有机会在那里长期生长。问题只是：这些草原地区的空缺处，面积有多大，是占了这个区域的一大部分，还是只有边缘一小块?

此外，还有一个论据可以支持某些区域内不生长树木的说法——原始牛、欧洲野牛以及鹿都是群居动物，而这样的群居生活只有可能出现在草原上。您是否有过这样的经历：与许多人一起在森林里徒步，慢慢地在森林深处与大部队走远了？那样您就能明白，一大群动物也会走散，然后互相之间就失去了联系。所以走在前面的成员必须不断停下来休息，来等待落后的成员，然而它们却因为看不到彼此，而无法知道要等到什么时候。

这样的情况对于野牛来说更为险恶，因为一整个群落比单独一个个体，更容易吸引食肉动物的注意。野牛群之间会互相呼喊，发出巨大的声音和强烈的气味，尤其还因为等待掉队的成员，整个群落都放缓了行进的速度，这些迹象都使它们在食肉动物面前暴露无遗。对于狼和熊来说，这就好像是在邀请它们享用一顿自助大餐。

另外一些典型的野生动物，如鹿以及它们的敌人——猞猁，都是单独行动的动物。只有在交配季以及生育后代的时候，才会有两到三只一起出没。这同样也使它们的逃跑变得引人注目。与经常要奔走数公里的群居动物不同，这些独居动物常常只需逃跑不到100米，然后它们就能躲进茂密的树丛中，隐蔽起来不被发现，在那里静静地等候，观察追捕者是否追了过来。

由此我们可以肯定地说：草原植物花粉的发现，很好地证明森林里存在没有树木的区域，而那些区域会有一些大型食草动物；这些动物的种群结构也同样支持这样的说法。人类的猎捕有可能会导致这些动物的数量急剧下降，以至于树木又能重新夺回它们的领地。笃信者们还说，大部分大型以及超大型的食草动物都已灭绝，比如猛犸象和长毛犀牛、非洲森林象和野马、原始牛和欧洲野牛（除了波兰比亚沃维扎国家森林公园内少数的那几只），它们都已经不存在了，而原因肯定不只是几千年前的那次气候变暖。

***

至此，一切都还说得通，然而这样的理论已经开始有些站不住脚了。让我们换一个角度——不从食草动物，而是从树木的角度出发，来看一下如今的状况。我们德国本土的树种，如橡树和山毛榉，是经过好几代漫长的优胜劣汰的过程，才成为原始森林的主宰者的。数百万年来，它们拥有非凡的能力才得以存活下来。

然而有一种能力，山毛榉基本没有在进化中获得：驱赶大型食草动物的能力。山毛榉不含毒素，没有尖刺，也没有荆棘。尤其是山毛榉的幼树，对于鹿、马和牛的啃食，它们完全没有任何自卫能力。如果这一“大型食草动物理论”是正确的，那么就意味着，这些原生阔叶树必定长期生活在食草动物的威胁中，但是却没有尝试去驱赶它们。

现在好了，从最新研究中我们可以得知：有些阔叶树可以识别狍子，并且能在它们啃食树皮的时候，储备起防御物质。然而当狍子数量很多时，阔叶树的这一招就不怎么管用了。正如森林持有者那些徒劳的尝试所显示的：不仅所有幼小的山毛榉和橡树会被一并啃食，以至于它们历经数十年也只能长到像盆栽那么大，而且当很多食草动物一同出现并且急需过冬时，就连萌芽上由树木释放出的化学抗咬物质，也都被食草动物一同吞进肚里。阔叶树的树叶实在太美味了，以至于当狍子和鹿的种群超过一定数量时，没人能救得了这些树叶。

然而这类现象在一些典型的草原植物中就不会发生，比如黑刺李和山楂，从它们的名字上就可以看出它们拥有各自的防御策略。一些草本植物，如荨麻以及水飞蓟，也配备了防御装备：空心针的针尖里充满了有毒物质，易折断的刺进入动物皮肤后会留在里面，以及又韧又苦的树叶纤维，这些都是草本植物行之有效的防御方法，能够帮它们逃脱食草动物贪婪的啃食。此外，草类还可以借助风或者鸟类的空中投递，来传播种子，由此那些离草本植物不是特别远的空余地方，很快就有了草类定居者。相比之下，山毛榉和橡树就表现得毫无迁移能力。正如前面已经描述过的，它们沉甸甸的果实会扑通一下直接掉落在母树底下，最多也只会被动物拖拽几千米远；如果它们想要迁移至一片空地上，则需要跨越数千年的时间。

由此我们得出唯一一个可能的结论：森林基本上从未面临过食草动物的威胁。我们可以通过一个事实来验证这一点：一片原始森林需要大约500年的进化时间，来慢慢达到平衡状态，然而数百万饥饿的有蹄动物不会给它们那么长的时间。结论便是：尽管上文提到诸多草原植物和食草动物存在的证据，但其实是原始森林占据了主导地位。那些“大型食草动物理论”的笃信者深信，橡树和山毛榉林会很快被食草动物啃食成一个个森林孤岛，再加上它们的种子太重，无法被风吹到几公里远的地方，而只能借助鸟类来移动较短的距离。然而，这个毫无防御力的树种却遍布各处，这就与“到处都是成群的牛和马”互相矛盾了。

这对于想借机利用这一理论的护林员和猎人来说，真是个遗憾。护林员期待着林中空地，至于这空地是原始牛啃食出的，还是伐木工人的杰作，他们并不关心。而猎人所期待的则是由于他们的喂食而数量激增的鹿，虽然这类食草动物能够立刻吃掉一平方公里范围内所有年幼的阔叶树。所以拜仁州的自然保护组织主席休伯特·魏格提出警告：“我们担心关于自然保护的专业讨论，最后会被一小部分土地使用者利用，为他们那些有违自然的目的提供理论依据，并且通过政治手段付诸实践。”

另外一个对树木造成严重影响的因素，是我们人类引起的气候变迁，它们来势迅猛——对树木来说变化太快了。在2016年的夏天，当我8月底从挪威度假旅行回来时，一个奇怪的现象吓了我一跳。在我出发去斯堪的纳维亚之前，我负责的林区内的树木还是一片健康的绿色。在我离开的一周时间里，我并没有考虑太多。在目的地哈当厄尔峡湾，雨下得非常多，以至于我开始想念许梅尔的天气：阳光普照，气温超过30摄氏度。当我长途跋涉回到家中，看到家里的山毛榉林时，心情立刻跌至谷底——才过了短短几天炎热的天气，许多树冠就开始变成棕褐色；有些树甚至已经掉落了大部分树叶。

正如我第一时间所想到的，这种现象并不是由于缺水造成的。我在树林的不同位置取了一些土壤样本，将它们置于拇指和食指之间轻轻挤压——结果土壤并没有被揉碎，而是被压成了扁平的形状，并且能够保持那样的形状不变——这就代表了土壤中含有足够的水分。那么树木变成这样究竟原因何在呢？

树木在夏天掉落树叶，几乎总是由于缺水造成的。在树木彻底干缩之前，它们会倾向于将具有最大水分蒸发面积的树叶丢弃。只可惜这同时也宣布了树木活跃期的结束，因为它们不能再进行光合作用。虽然在来年春季，树木还有力气来发出新芽，但是再也经受不起任何意外。一场晚到的霜降，会使新鲜的嫩芽冻伤，而且会给树木带来第二重伤害——昆虫的袭击，这又迫使树木要调用更多的储备来制造防御物质——有时候山毛榉和橡树会因为消耗过多的能量而死亡。而云杉在死去的时候则显得特别壮观，它们的针叶会变成火红的颜色。因为小蠹虫会很快发现一棵死去的云杉并且侵袭此树，所以不仅树木的树枝会掉落树叶，就连树干也会掉落树皮。

***

让我们说回 2016 年夏天。当时我所在的区域一直到 8 月都是凉爽而又湿润的天气，这也是树木十分渴求的。本来应该是如此，但是至少对于我们这个区域来说，夏天太多的雨水会给那些敌对的生物提供便利。由此在 7 月，树木就开始掉落第一片树叶，因为菌类在树叶上狂欢；而这狂欢时刻对于树木来说出现得太早了。这些菌类由棕色的小点组成，或是被包裹在一层乳白色的薄层中，就是所谓的霉菌。如果这些霉菌在绿叶上出现的数量过多，那么树木就不得不让树叶分离，结果就是：连着几天树叶纷纷从树梢飘落下来，就好像进入了秋天一样。然后天气又突然变得极度炎热而干燥——在这样的气候条件下，哪怕再坚韧的树木也会失去内部的平衡。

几天内许多阔叶树的树叶就开始变色，然后纷纷掉落，这样就可以免受菌类的侵扰。特别值得一提的是，在经济林中，也就是经常会有树木被砍伐的树林中，这一现象尤为严重。而这并不奇怪，因为经济林有一点与自然林不同：经济林的树冠顶部有许多空隙，太阳光可以透过这些空隙毫无遮挡地直射进来。由此阳光能很快加热所有的植物，空气也会很快变干，这就使得经济林内生存条件的变化更加剧烈。与之相反，那些人类未接触的树林能够自行调节它们小范围内的气候状况，也就多多少少能够忍受气候的变化。此外，树木之间还能通过根须和菌丝网络，来互相扶持，由此虚弱的同伴也能获得救助。

那么一年中其余天气状况下，树木的情况又如何呢？我在当护林员的时候，对森林里的气候进行过特别的观察。如果冬天风刮得太猛，我会担心一些年老的云杉有倒下的危险。而底下那些年幼的山毛榉，还需要这些云杉树荫的保护，不然到了来年夏天，它们就会毫无遮挡地暴露在阳光底下。如果雨下得太多，土壤变松软的危险就会增大，而土壤中的树根就会变得松动。冬天里我更喜欢寒冷干燥的天气，但是那同时就意味着，没有降雨。真正寒冷的天气只出现在高气压区，在那里没有云层的遮挡，地热可以在夜晚扩散到外太空。为什么没有降雨或降雪也不好呢？在我们德国这里，树木在夏天无法从降雨中获得足够的水分，所以必须消耗一部分它们冬季储备在土壤中的水分。通常树木在植物生长季节外，会在土壤中储存大量水分，由此在较热的几个月里，除了降雨之外，植物还能得到额外所需的水分供给——当然前提条件是，冬天有足够的降雨或降雪。

炎热的夏天也同样令我担忧。接二连三的热浪使土壤干旱，由此树木也会受到牵连。此外，正如我前面已经提到过的，树木还会受到病灾。如果下雨的话，也经常会以雷暴的形式出现。在阵雨之前，往往会刮一阵强风，这尤其会威胁到我最喜欢的阔叶树，因为它们的树叶有着很大的受风面。在多风暴的欧洲冬季，阔叶树会掉光叶片而变为流线型，这是它们在进化过程中所学会的。所以我也不喜欢雷暴天气。

您有没有注意到一点，老天爷总是无法满足像我这种护林员的愿望。的确，我只考虑了树木以及它们的未来，对此我必须表达一下我的歉意。因为我每天都很仔细地观察它们，所以会发现它们的一些改变，以及这些改变如何一年一年逐渐增加。我不仅能观察到所有媒体所提到的暖冬效应，还能观察到季节的延迟。我负责的林区在海拔 500 米处，通常情况下最迟 11 月就应该已经被白雪覆盖，但是现在人们经常会等到来年 1 月才看到第一场雪。3 月经常过得飞快，原本可以坐在室外享受温暖阳光的日子也不复存在。

蜜蜂也同样一无所获，因为柳树或者其他一些花蜜的来源，变得很晚才开花，而且非常低的温度也阻止了蜜蜂四处飞行并采集食物。当花卉中心已经开始大批量售卖用于阳台花盆以及花圃的花朵时，我们还只能在林中小屋旁的花园里，耐心等待，因为花朵要等到 5 月中旬才开放。最后一场雪直到 4 月才下，最后一次霜冻有时会推迟到 6 月上旬——所以有些人欠考虑地购买了天竺葵或矮牵牛，他们之后肯定还要再买一次。在过去几年中，真正炎热的日子直到 8 月才到来，2016 年甚至直到 9 月中旬。但是从气象学角度看，这时候应该已经进入秋季了，虽然还有点秋老虎的意味，但是气温理应已经降了很多，尤其是夜晚的温度。

正常情况下，如果只是所有的季节都向后推移了一些，我们可能也觉得无所谓。只可惜树木的反应有一些不同，可能是它们太固执了。它们同我们人类一样，能够准确地记录缩短的白昼时长，并且慢慢为冬眠做准备。它们也无法让树叶在树枝上多保留四周，因为它们必须考虑到提早到来的冬天包括严重的降雪，如果树木为享受秋日的阳光将树叶保留太久，那么它们很可能会受到降雪的惩罚。它们的树枝会被折断，有些树甚至都无法矗立，彻底倒塌，就像在 2015 年 10 月发生的那样。

唯一的补救方法是让各个树种的树木都向北迁移，它们实际上也正在这么做。或者说，树木正尝试着这么做。但是我们人类没有考虑到树木的迁移。我们将很多区域标记成人类自己的私人领地，而这些地块同时也就成了树木向更寒冷地区迁移的坚固屏障。

这里一个简单的例子就是我们自己的草坪。在修剪草坪时，我总会看到一些橡树的小树苗夹杂在草中间，可惜它们都成了我除草机的牺牲品。好吧，这些小树苗的母树距它们只有 30 米远，但是即便很缓慢，这也算是树木迁移。鸟类和风能将种子输送多远，我在上文已经提过。然而，如果对于每一块种子能够到达的土地，我们人类都已经做了另外的规划，那么对于树木来说，向北的迁移旅行将困难重重。

对于动物的迁徙，全世界的人都在努力为它们开辟一条通道，其中包括让一大群的角马、斑马和大象从一个国家公园迁移至另一个国家公园。单单在中欧就有很多对动物迁移的资助，比如对野猫的资助。德国环境及自然保育协会（BUND）主张修建通道，沿着通道那些野猫又能四处扩张，并且能穿越整个德国。

那么树木的境遇又如何呢？它们向前移动的速度如此缓慢，以至于没有人能够注意到这一点。就连护林员也谈论到：山毛榉及其同类行动太缓慢了，以至于无法在气候变化的时候就迁移到更广阔的地区。但是这里出现的问题并不在于山毛榉行动太慢，而是它们作为一个种群被严格地限制在原地，因为当它们的种子降落并生根发芽的地方在人类的计划之外时，它们会被立即移除。云杉在X地生长，山毛榉在Y地生长，而在旁边的地块上允许农业耕作，另一边又种上了柳树。这些固有的界限阻碍了大自然的一个发展要素——改变。

在此我们重新回到我的草坪上——是的，我也感觉有愧。如果我们将我们的环境像塞进紧身衣里一样束缚起来，那么，我们又将如何得知树木是怎样对气候变迁做出反应的？我们的树木向寒冷北方迁移的速度真的太慢了吗?

在我看来，解决问题的出路除了节约能源这种普遍意义上的气候保护，更重要的是设置更多的自然保护区。我们需要一个由野生树木组成的基石系统，有了它，就好比我们在过河时有了立足之地。每一块自然保留地，就相当于一块基石，当基石数量足够多时，野生物种可以自由地穿越我们人类的耕地，完全不受阻碍地从一个保护区迁移至另一个保护区。如果前后两个区域离得不是特别远，那么我们或许能真正观察到，树木是怎样对气候变化做出反应的。或许事实真相是，其实它们根本不想向北迁移。

我们已经知道：只要山毛榉林没有遭到森林经济的干扰，它们就能够在炎热的夏天通过自身的行为来降温。只有当树木被砍倒，然后阳光穿过其余树木深色的树干，将周围的空气晒得又干又热时，这些“巨人们”才会开始出现问题。由此解决办法就变得极其简单：减少木材的消耗量 = 减缓气候变化 = 增加健康而有适应能力的树木。如果这几方面至少有一部分做到了，那么植物界的这些行动缓慢的巨人就有了希望。

* * *

人类对大自然造成的影响中，有一些非常微妙，而且很难领会。相比之下，树木被砍伐造成的影响就较容易理解，因为原因和结果的关系一目了然。

20 年前，我第一次同家人一起去了美国西南部，今年我们又去了一次。北美还是非常吸引我们的。国家森林公园里那些雄伟的砂岩，给我们带来了一幅令人叹为观止的自然风貌。尤其在人迹罕至的地方，除了植物和动物外，那些奇形怪状的岩石，也令我们折服。拱门国家公园内遍布一种靠特殊方式堆积起来的气势恢宏的岩石拱门，这也是公园名字的由来。

一部分巨型拱门虽然外形巨大，但十分易碎，所以游客们都会惊叹，为什么它们经过了上千年的风风雨雨，还能屹立不倒。这一问题多多少少在许多拱门上得到了解答。自 1977 年以来，单单在犹他州的峡谷地国家公园，就有 43 座拱门坍塌，这对于旅游业是个悲剧——对原住民来说也是个宗教悲剧，而这悲剧的产生很大一部分可能要归因于人类的活动。盐湖城犹他大学的一个研究团队证实了：这些岩石是由于一连串的震动而导致最终断裂的。

最多的震动来源于自然，除了地震之外，影响最大的是一天内的气温变化，岩石在白天膨胀，而到了寒冷的夜晚又会收缩回去，拱门也会因此下沉。

为了能找到拱门坍塌的其他原因，科学家给彩虹桥装上了观测用的电缆。这座桥是世界上最高的天然拱门桥，也是纳瓦霍族印第安人的神圣之物。游客是不允许踏入此地的；感兴趣的人必须先划船绕过鲍威尔湖的一侧，然后在护林者的带领下，步行前往观景台。这一谨慎的做法不只是为了保护拱门，更多的是考虑到当地部落居住者的感受。而游客给这景观带来的危险，相对来说也比较少。

正如杰弗里·摩尔的团队证明的：人类活动所造成的振动，可以在岩石中被观测到，而且是以几秒出现一次的节奏。鲍威尔湖的波浪，比较平缓地拍打在湖岸上，而这一脉冲可以从离湖好几公里外的彩虹桥上测出，并且导致了小型的，但是持续重复的振动。如果这种振动都可以测出的话，那么也就不奇怪，在1600公里开外的俄克拉荷马州，一个钻井产生的冲击波也会被记录下来。最终是什么导致了最新的拱门坍塌，没人能给出明确的解释。然而它却是个很好的例子，证明人类的活动可以远程影响到生态系统。

在这一层关系中又一次出现了地下水。首先我对于之前提到的关于拱门坍塌的疑问，有个想法：地下深处的水含有气体。但到目前为止这还仅仅只是个猜测，因为据我所知，这还没有经过任何的验证。地下水的气体主要是甲壳类以及其他小型动物呼吸所需的氧气，以及呼出的二氧化碳。您一定知道，当有人摇晃装有矿泉水的瓶子时，会发生什么：碳酸泄漏喷涌而出，之后水中就缺乏气体，酸性也降低了。

理论上，我们可以将地下看作一个巨大的水瓶，它因为人为引起的振动而持续摇晃。难道它不会因此也发生气体和酸性方面的改变吗？至少在使用液压破碎装置的附近区域会发生类似的改变。在那里，地下 3000 米处的地层通过高压液体被撬开，引起无数的振动。此外，由于此法，许多化学物质残留在了土壤中。这些物质会沿着土壤所有的缝隙，扩散到被打穿的各个地层中。那些不见天日的甲壳类对此又能说些什么呢？

* * *

至少在中欧，这神奇生态系统的大部分地下流域，还没有受到过多的影响，但是在人类居住区附近，已经出现了极大的改变。一方面农业和工业产生的有害物质会渗入地下，另一方面人们每天都大量泵取地下水。仅仅在德国，每天从水龙头里流出的水就有将近 1000 万立方米。这还不包括用于工业的地下水，比如露天矿，由于它的开采，地下水补给正以不可估量的数量级在消失。2004 年，仅仅在科隆的露天褐矿煤就消耗了 5.5 亿立方米的水，这相当于德国饮用水总量的 1.5 倍。由此至少 3000 平方公里的地下水受到波及。而每立方米的空间里，都存在着人类尚未研究过的生物，它们对自然循环的影响，我们也全然不知。

然而还是存在着很大的区域，那里的地下水保存完好，这些区域连同它们地下深处的土壤层，成了中欧仅存的未被人类触及的生存空间。相较于下一个自然公园，或是下一处自然保护区，那里更接近真正的自然，而且人类还未涉足。

人类 10 万年来进化的结果就在身边，而且很直观。如果您是拥有浅色皮肤和蓝色眼睛的白种人，那么每天早上从镜子中您都会看到一个已经灭绝的物种遗留下来的特征。

第十五章

白人从哪里来?

Where do white people come from?

对于所有物种，
自然只给出了两条通向未来的路：
适应或者灭绝。

大部分的中欧人皮肤是白色的，这很有可能是我们具有攻击性的一个间接标志（具体是因为什么，我会在这章接下来的部分做介绍）。这里指的攻击性并不是我们人类内部的互相争斗，而是面对外来物种所体现出的。这种侵略性与我们的成功进化有一定的关系，为了在进化中取得优势，我们将自己塑造成今天的样子。而我们的进化可能有点太过成功了，这点可以从很多其他物种的衰退体现出来。我们貌似对侵扰大自然这个巨大的钟表设备乐在其中，难道这种行为已经根植于我们的基因中了？还是我们已经成功地从大自然的齿轮系统中脱离出来，进入了一个与其平行的生态系统？

在与不同科学家的谈话中，我经常可以听到这样的观点：现代人类已经停止进化。而这一观点可以从目前医疗水平的进步得到证实：如果没有盲肠手术、胰岛素注射、β受体阻滞剂，甚至是眼镜，我们当中还有多少人能活着？在一万年前，这些侵扰我们的疾病会使我们轻易地成为食肉动物的盘中餐。换句话说——虽然很刻薄，但却是事实——我们本应在进化的过程中被淘汰。

我们可以通过医疗手段，在身体存在缺陷的情况下依然得以生存。但同时，我们的缺陷将完全遗传给我们的后代，这样的话，人类会不会越来越容易生病？会不会在医疗辅助突然中断的情况下最终走向灭亡？为了更详细地探究这些观点，我们首先要分两点思考：第一，大自然的进化过程是否真的已经停止；第二，医学辅助手段是否真的不属于物种进化和持续发展的一部分。

其中，第一个问题的答案非常清楚：进化必定依旧火力全开地进行着，对于人类也是如此。为了更好地领悟这一点，我们必须走出目前安逸的环境，看一眼这个世界，比如看看非洲正在发生的事情。在那里，瘟疫肆虐，饥荒遍地，战争也以我们不可想象的规模进行着。根据世界卫生组织（WHO）的报告，在2015年，单单疟疾（一种通过蚊子传染的血液疾病）的患病人数就已经达到2亿，而因为感染死亡的人数为44万。全世界范围内有8亿人口由于食品短缺而面临生命威胁，其中每年有690万五岁以下的儿童被饿死。在刚果，一场1996年开始的战争已经造成400万居民死亡。

这些事例在很长一段时间内持续发生着。由此我们可以清楚地看到，在更南边的国家，人民的生存状况同很久之前一样，受到巨大的威胁。换言之，对那里的很多人来说，环境的安全系数以及来自于环境的压力，从石器时代起就从未改善。博茨瓦纳就是这样，这个位于非洲南部的内陆国家饱受艾滋病（一种免疫缺陷疾病）的折磨，而该国国民的平均寿命也已经降至 34 岁。在这个国家以及其他一些非洲国家，一大部分的国民都属于非自然死亡。但我不想让自己听起来像是在挖苦他们，之后我会重新回到“道德”这个主题。

但是在那之前，让我们先将目光投向一个持续向人类遗传物质施加压力，但对人类进化非常重要的因素——疾病。

在疟疾流行区内，一种罕见的血液疾病扩散开来，那就是镰刀形红细胞疾病。患者红细胞的形状，不再是正常的圆盘状，而是变为镰刀状。红细胞因此失去运输氧气的能力，而患者因为器官得不到氧气供给而备受折磨，一大部分患者会在三十岁之前死亡。而多数致病基因携带者的症状并不明显，因为在他们的血液中除了镰刀状红细胞，还存在着足够多的正常形状的红细胞。这些人的生活几乎与正常人一般无二。

而这血液疾病的关键点在于疟疾的出现。通过蚊子的叮咬，蚊子携带的寄生虫会侵入并破坏人体内的红细胞。疟疾患者会由于大量细胞破裂而一次又一次地发烧，这往往最终导致机体组织的崩溃。而镰刀形红细胞的携带者对于疟疾寄生虫有着天然的抗性；他们是如何获得这抗性的，到目前为止还没有最终的定论。无论如何，那些身体机能原本被严重限制的镰刀形红细胞疾病患者，在对抗疟疾上比未患病人群具有更明显的优势。而这个优势直接导致在疟疾大面积肆虐的区域，这种血液疾病的基因也会经常出现。

人类的很多想法是极具欺骗性的，比如，自然的进化几乎进入停滞阶段；再比如，人类作为万物之灵已经到达了进化的终点。相对来说，西方工业国家虽然很小，但却是很富裕的绿洲。尽管如此，我们还是应当多注意周围的各种变化，但是这一点已经被很多人遗忘了。然而，规模巨大的大自然筛选行为不会停歇，只是在以很慢的节奏进行着，这当然也包括我们德国这里。虽然近几十年间，我们这里没有战争和饥荒，但是我们不能忘记，在过去的几百年里，还没有任何一代人可以从此类的灾难中幸免。就算是没有这种重大的变故，大自然也已经带给我们足够多的生存压力。癌症、心肌梗塞、中风只是其中的几个因素，虽然我们在医学上已经取得了相当多的成果，但是依旧无法对这些疾病做出有效的控制。

从严格意义上来说，是现代文明造就了现代医学的必要性，因为很多被称为“现代文明病”的疾病在几千年前几乎不存在，而“文明病”这个称谓也很合逻辑。牙箍、腰椎间盘手术，或是冠状动脉搭桥手术，这类治疗手段只是由于我们不健康的生活习惯才变得至关重要。这样看来，那些声称停止了我们进化脚步的发明，其实只是改变了我们进化的方向。在西方的工业国家，饥荒和瘟疫不复存在，取而代之来筛选我们基因的，是胆固醇问题和类似的疾病。

除此之外，我们身体中无数的“工地”也证明，那些始于远古时期的进化行为依然在全速发展过程中。我们的全口假牙不会安装不必要的牙齿（智齿），肠子也失去了多余的附属物（盲肠），而身体的毛发也很遗憾地在慢慢减少。5 万年以后的人类会和如今的我们长得一模一样吗？这几乎是不可能的。虽然我们自认为在漫长的进化旅途上已经到达了终点，但是其实进化依然还在生机勃勃地进行着。只是这过程进行得如此缓慢，以至于我们不能对身上所发生的改变有所察觉。

作为对比，地球这颗行星的面貌有助于我们更好地理解，为什么缓慢的变化不易被察觉。地球的表面由几大板块组成，虽然我们所有人当初在高中就已经学过大陆板块漂移学说，但是大陆的外貌、板块的形状在我们看来依然好像是一成不变的。这些板块（包括整个大陆）漂浮在有黏性的岩石层之上。板块之间或者互相撞击（这样会推动高山耸起），或者互相分离（这样会形成裂缝，并且裂缝中会涌出熔岩）。北美和欧洲位于两个不同的板块上，它们之间的距离每年会扩大大约两厘米，这个速度差不多是您脚指甲生长速度的两倍。而这样的变化，除了几个科学家外，没有人会意识到。在 1000 万年以后（以地质学的标准来衡量，这只是一眨眼的瞬间），这一数值将累计至200公里。只有当我们脚下的板块在哪里被卡住，然后再次脱离的时候，由此而产生的震动才会以地震的形式被我们感知。

有一个与进化相关的问题很重要：在不同的地区，进化的速度或者方向是否存在着差异？因为在现实中，一部分地区的人，正以遭受饥饿与疾病的方式，亲身体验着极其残酷的淘汰过程；而与此同时，另外一部分地区的人，尤其是那些工业国家中的人群，可以通过各种各样的辅助手段获得明显舒适的环境。

对于某些个体而言，这样的辅助手段可以说是积极的，但是对于整个地域内所有人来说，它很可能在长期范围内产生消极影响。因为饥荒与瘟疫是两个最重要的进化元素，到目前为止，它们不断地更改着我们的基因，而在不需要与它们抗争的情况下，这两个元素就失去了那样的效果。对于地域条件优越的居民来说，实际上进化也因此进入了停滞期。在数千年之后，他们的基因会被那些不发达地区的居民所超越。

但目前这样的发展趋势尚不明显，因为我们当代社会的巨大流动性在中间起着作用。在现代化交通工具的影响下，地域间的差异正在逐渐消失。而如今，能看到世界各地大量的人类，其祖先来源于另一个国家。您可以想一下罗马人，他们的基因肯定在我们德国很多人身上有所体现。而现在越来越多的不仅仅是罗马人，还有比如中国人、赞比亚人或者墨西哥人，他们也正在将他们的足迹留在欧洲人和美国人的遗传物质中。

由此，人们已经不可能将地球上不同人种的基因再次自然分离了，甚至可以说，多个人种平行进化的可能性已经不复存在，起码在目前是这样。因为要达到平行进化的目的，就需要将不同人种在很长的一段时间内互相隔离开，而这在如今的时代是不可能做到的，因为乘飞机旅游和出国定居已经太普遍了。有研究人员声称，所有生活在现代的人类，都可以往回追溯到同一个“远古夏娃”，她生活在距今 15 万到 20 万年前。而在那之后逐渐形成的差异，比如肤色以及其他特征，在当代又变得模糊起来，而这变模糊的速度也越来越快。对此，一部分人感到惋惜，他们认为这是人类多样性的一个损失；而另一部分人则认为这是人类一个非常好的机会，将人种间的区别从根源上去除。

* * *

然而，进化很可能步入一个与我们所预计完全不同的方向。为此我们需要提一下那些生活在尼安德特山谷中古老的远房亲戚——尼安德特人。这些石器时代的人类拥有强健的肌肉，也已经具备了与我们现代人尺寸类似的大脑。相较于石器时代其他文化，尼安德特人的文化在当时是非常先进的：在他们村落中已经出现了分工合作，他们也掌握了加工精巧石刀并将其镶嵌于木制底座的技巧。同样出现在他们日常生活中的，还有身体彩绘、对死者的祭祀活动，甚至还出现了一种语言，但它的发音早已在很久以前就消失了。

科学家们认为，尼安德特人和后来出现的智人在欧洲这里共同生活了几千年。由此，这些后来出现的现代人类（智人），很有可能模仿了他们粗俗邻居的一些行为。那么有没有可能，智人的智力就是从尼安德特人那里发展而来的呢？这个问题在科学范围内被讨论过，但是我认为这样的讨论不是很客观。因为早期的智人与今天的我们在本质上——完全没有差别！如果人们真的对这个问题做出肯定的回答，那也就意味着，我们必须同另一个物种共享“万物之灵”的美称。而进化将这“万物之灵”的皇冠转交给拥有相同智慧但是更具侵略性的人类（最终我们成功排挤了尼安德特人，甚至有很大可能将他们作为了肉类的来源）。当然，有些人反对这个假设，但是到目前为止，已经不可能再有真正中立的讨论了。

人们宣称尼安德特人已经拥有了许多高智慧生物才有的能力（译者注：后文中简称为“高智慧能力”），而这可以通过考古的发现，最小限度地得以证实。在语言的进化方面，尼安德特人的舌下拥有一块小骨节，也就是舌骨，这是拥有语言能力的一个前提条件。他们同时也拥有一种特定的基因——

Foxp2，而这种基因对于口语的理解是必不可少的。然而从科学角度出发，这些并不足以成为尼安德特人可以说话的证据，而是仅仅能够证明他们的身体具备了说话的先决条件。这么看的话，如果挖掘出的头骨上存在眼眶，那么人们也只能证明尼安德特人眼睛的存在，而他们是不是真的拥有视觉，没有人能给出确切的答案。

尼安德特人的大脑容量很大，对此人们一般解释为对寒冷环境的适应，或者是与他们稍重的体重有关。现如今也有那么一类人，他们的体重与肌肉与尼安德特人类似，而他们的大脑却“只相当于”尼安德特人的水平。

在几年前，科学家的另外一个关于尼安德特人的信条也沦陷了。这一信条说的是：尼安德特人与现代人类并不亲近，因此在我们的基因中应该是找不到这类粗俗亲戚的遗传因子的。但是，对人类基因组的解码总能不断带给我们惊喜，尼安德特人最起码有一部分的外观特征被遗传了下来。目前研究人员认为，除非洲人以外的其他欧亚大陆现代人的遗传物质中，有 1.5% 到 4% 是由尼安德特人“偷偷植入”的。除非洲人以外？

没错，第一个跳入脑海的想法总是对的。这类已经灭绝的亲戚遗留下来的特征，确实就是皮肤颜色和眼睛颜色。最新的研究表明，浅色的皮肤和蓝色的虹膜这两项特征是尼安德特人为了使他们适应北方的生存空间而进化的。德国的太阳辐射不是特别强烈，因此一套“嵌入式深棕色防晒层”在这里变得完全没有必要。当他们与从南方新来的深色皮肤人种交配后，就可以将这一防晒优势长期遗传给后代们。当然，还有许多其他的特征由于这种“偷情”的行为也被遗传至今，比如容易得抑郁症，或者对烟草制品的依赖性。

相反，我们的基因——或者说我们祖先的基因——也融入了尼安德特人，而这一观点在很长一段时间内，完全不被认可。在大约十万年前，现代人类遇到了他们如今已经灭绝的表兄，他们一见面就立刻变得亲密无间。亲密到我们从阿尔泰山脉中发现的尼安德特人的骨头中，都能找到他们幽会的痕迹。

对尼安德特人的研究是有代表性的：随着最新研究的深入，越来越多的事实不再被否认，而这一另类的人种也已经越来越得到认可。更客观的说法应该是：我们的所知是有限的，而对于所知范围以外的，我们并不了解，或者说并不足够了解。而我给自己强加了这样的疑问，真的不可能存在同我们一样的智慧生物吗？这样的信条真的应该是不可撼动的吗？不可撼动，是因为某些人禁止其被撼动，也因为我们带着那种“绝不可能”的想法，对撼动信条有着本能的抗拒。对此一位英国的地质学家史蒂夫·琼斯的一段话很应景。这名研究员在2008年的《德国世界日报》发表了他的论点：人类已经成功完成了整个进化过程。这名研究员可能真的是万物之灵，就是看事物的眼光有点怪诞。

因为对于所有物种，自然只给出了两条通向未来的路：适应或者灭绝。而自然的改变也会（或者说肯定会）影响到人类的高智慧能力。在这里我要再一次清楚地表明我的立场：进化意味着对改变做出适应，并不一定是以更优异，或者更大的脑容量为目标的持续发展。

一些美国的研究人员认为，我们人类这么强大的思维器官很有可能隐藏着绝对的缺点。他们对人类细胞与猴子细胞中的自毁程序做了对比。这个程序的任务，是在细胞老化或者损坏的情况下将其摧毁和代谢。而对比的结果是：猴子的自我净化机制明显比我们人类的有效得多。研究人员认为，人类降低了代谢比率，从而可以提高不同细胞间互联运算的效率，也为生长更大的大脑提供了可能性。

以此能看出，我们为高智慧所需要付出的代价有可能很高。因为细胞自毁程序也会清除癌细胞。猴子基本不会罹患癌症，而相反，癌症已经成为造成人类死亡频率最高的疾病之一。我们为了思维能力所付出的代价，是不是太高了呢？如果我们目前的智慧与人类在自然界中的存活并不匹配，那么它就必须被提高，或者被降低。很显然，后一个选项貌似是不可能接受的。

但是对于个体的生活质量来说，我们目前如此高的智慧程度真的有必要吗？在我们的生活中，什么才是重要的呢？您肯定首先会想到幸福、爱情、安全感，诸如此类的，一般我们还会想到一些日常的幸福时刻，比如一顿美餐、一个温暖并干燥的家，以及其他安逸的东西。这里有您觉得重要的东西吗？这里所提及的，都是对于感觉和本能，而非对于高智慧能力的需求。5 万年以后的人类能否拥有一个他们满意的生活，与他们的大脑容量无关，而是要看在那时候，他们是否能够适应连续的自然环境变化。他们会适应的——终究，没有人能从大自然的网络中逃脱。

第十六章

老钟表

The old clock

我们为什么就不能完全相信，没有我们人类，大自然所拥有的数百万年的机制依旧可以正常运作呢？

大自然比一台精密的机械挂钟要复杂得多，然而我还是要回到序言里提到的那个例子。我们已经从无数的例子中得知，如果人类鲁莽地从钟表中取出一个小齿轮，将会发生什么。正如钟表的运作，这会引发一连串的连锁反应，从而会改变整个系统。如果一台钟坏了，而我们想将其修好，那么情况又会怎样呢？事实上，大自然能在一定范围内进行自我修复，这是一个方面。

另一方面是关于时间的疑问：在自然进程需要几百年或是几千年的地方，可以借助一点点人类的协助来大大缩短这一进程，不是吗？尤其是我们想要亲眼看见大自然有一些好转，这样的话我们会很有成就感。如果我们努力的结果，只有我们孙子的孙子辈才能看到，那么我们现在放弃化石能源或是人造材料又有什么意义呢？所以我们必须果断地采取行动，让自然能尽快朝着好的方向转变。然而当我们想要着手来修理环境这台钟表时，一个严峻的问题摆在了我们面前：人们如何能清楚得知，自然环境是否真的遭到了破坏？

雄松鸡就是这样一个有待“修理”的实例。这一类身形较大的鸡形目（根据性别的不同，松鸡体重能达到大约 4 千克）居住在北方针叶林中，也就是说，它们的家在北方的云杉和松树林里。在那里它们以昆虫为食，但更多的是以蓝莓叶与浆果为食。当我们全家走在拉普兰森林里时，到处都会碰到这类灌木丛；当我们在峡湾附近徒步时，也时常会遇到雄松鸡。每当这种鸟类出现在我们徒步的路上时，我们都会非常兴奋，虽然在北欧斯堪的纳维亚地区，这类鸟并不是什么稀缺动物。在那里它们被列为可以猎捕的野生动物，也经常出现在当地人的餐桌上。而在中欧情况则完全相反——这类鸟是受到严格保护的。在这里，雄松鸡的生存空间相对较小，因为自然生长的带浆果灌木的针叶林，只在阿尔卑斯山附近会成片出现。从气候角度看，这里就像个小北欧，山顶上的冬天既寒冷又漫长，而这样的寒冷是阔叶树无法忍受的。在接近森林边缘的地方生活着一些雄松鸡和雌松鸡。当然，这些稀有种群的数量特别不稳定——只要有几只松鸡死亡，就足以导致当地这一物种的灭绝。

在中世纪，雄松鸡的境况比现在好很多。由于当时人们对森林大面积砍伐，有将近一半的森林土地裸露出来，而在这部分土地上，蓝莓等灌木大量繁殖。至今许多人工培育的针叶林，尤其是松树林中，还能看到些小型的蓝莓灌木。身处其他大树阴影下的蓝莓灌木，虽然经常结不出果实，但是却能够证明，对森林大面积的砍伐以及随之而来的土地空旷现象，从久远的年代起已经有所好转。

而这现象对雄松鸡来说也出现得很及时，它们可以不断扩大生存范围，从而在完全远离最初家园的地方定居下来；然而随着现代森林经济的开始，它们前行的船桨又一次被折断了。人们在草场和田地上种植树木，被掠夺一空的森林调养生息后，重新变得密集起来。更多的阔叶树也返回了单调的针叶树种植园。比起松树，阔叶树下的地面要暗很多，这对蓝莓灌木以及其他灌木非常不利，对建造小丘的森林蚁也同样如此。森林蚁的蚁堆只能用针叶来修建，此外它们还需要温暖的阳光，因为只有在合适的温度下它们才能正常投入工作。

很遗憾，我们德国最原始的植被——山毛榉林的复兴，间接导致了雄松鸡和蓝莓这些后来者的消亡。这是不是很糟糕呢？不，并非如此。因为这些物种会因此被迫重新回到它们的发源地；而相反，原本属于我们这里山毛榉林里的那些罕见生物，也会重新回到它们原本的生存空间来。

最终人们也许可以说，大自然又慢慢恢复了平衡。可惜只是也许，因为现在官方和私人的自然保护者介入了进来。让我们再一次回到自然这个巨大的钟表，它真的坏了吗？是不是需要修理呢？可惜这些问题完全没被人们提出，至少没在大范围内被提出。在黑森林的原始阔叶林中，雄松鸡被视为具有特殊保护价值的动物。相应地，人们也花费了很多人力物力到处砍伐树木，甚至烧毁成片的森林，来为黑莓灌木创造出开阔的空间。而我们当地的森林居住者，比如一些喜欢待在暗处的步行虫科，会因此受到牵连，但那是另一回事了。

一种体形稍小的雄松鸡的近类——披肩榛鸡，也有着颇为相似的待遇。只要人们在建筑工地区域内发现它们的羽毛，就会立即停止所有作业，并做彻底的研究。因为在我们这里，披肩榛鸡已经濒临绝种。在我的家乡埃菲尔山上，最初只种阔叶树。如果不是那些定居于此并且大量伐林的人类，带着他们的牧群，开辟了大片石楠荒原，那么这些小型的松鸡根本就不会在我们这里出现。在阔叶树比例很低的栖息地——类似的地貌在瑞典北部也能找到，披肩榛鸡过得像贵宾犬一般舒适。只可惜，这里的树木也重新恢复枝繁叶茂的状态，因而这片石楠荒原的光照也最终被遮挡了。

现在很多因素掺杂在了一起。那些急于要帮助鸟类的自然保护者主张，想要更积极地建立栖息地，就需要更进一步伐木。由此更多阳光可以透射到地面，那些作为鸟类食物基本来源的灌木植被，也就可以得到休养。

森林管理者也愿意为此助一臂之力。人们不应该让矮林经济再次复苏吗？这是一种始于几百年前，纯粹由于贫穷而诞生的古老森林经济模式：因为木材作为重要的建筑材料和燃料，总是十分稀缺，人们几乎等不到树木长大就需要将其砍伐利用。橡树和山毛榉往往只活到 20 到 40 年（而不是 160 到 200 年）就被砍伐了，因为人们不能再等了。数公顷土地上的所有树木全部被砍光。在残余的地方，新的幼苗重新发芽，几十年后，它们细小的树干又将接着被利用。

因为大量树木被掠夺，整片森林满是大大小小的空地，就像一块有很多破洞的地毯。在这样的地方，披肩榛鸡过得很舒适——而它们也理应享受这一切。然而，林业常识以及严格的法律决定了，这样的砍伐行为是被严令禁止的。至少这样的规定一直延续到生物能源热潮带来的现代木材紧缺期。自那以后，新一轮的砍伐又重回历史舞台，同时那些披肩榛鸡也从中获益了。

这是一种浪漫的木材收获与自然保护吗？不，这一行为的本质完全没有改变——依然是粗暴的乱砍滥伐，而且是借助成吨重的全自动收割机来完成的。真正的森林已经不存在了，那些站在拖车跟前非常紧张的披肩榛鸡，是否真的会感觉舒适，还有待考证。而所有真正的森林物种，如黑啄木鸟或亚光的黄粉虫，只能成为试管中的陈列品。

* * *

第二个例子是草场的荒废。草场是很多草类与草本植物的生存空间。在夏天，草场上满是盛开的鲜艳花朵，在花朵上，那些喜爱鲜艳色彩的蝴蝶尽情地飞舞。这一华丽的景致对许多鸟类也很有吸引力，各种不同的鸟类定居于此。由于农耕地越来越集约化，鸟类的多样性受到了威胁。由于生物天然气工业对原材料的需求呈爆炸式增长，这导致了玉米价格的上扬，每一块闲置的土地都因此被开垦，用于这单一农作物的种植。而在那种农业无法触及的世外桃源般的地方，树木已经开始行动，重新占领最后的小河谷和它的河滩。

因此，草场的发展处于很不利的境况。而耕地面积作为农业发展的标杆不可替代，所以草只能转而与树木竞争。也就是说，为了维持草场种类，必须让步的不是耕地面积，而是森林面积。这时就会有一些象征和平的动物参与进来，比如我之前已经提到过的海克牛。原始牛在很久之前穿过古河来到欧洲，是我们这里最原始的野牛品种，而作为它们的再造品种，海克牛同原始牛只是在外观上有几分相似，可惜已经无法让这灭绝的早期牛类起死回生。

海克牛与普通的家牛没有什么区别，它们只是穿着原始牛的外衣走来走去而已。但这有一个好处：人们让这些牛在河边的草地上吃草，它们呈现出一幅世界完好无损的景象。而事实上，这只是一种特殊的农业形态，这种农业形态却被广泛地误解了。其实，草原（草业经济也包括在内）完全不属于我们这里的自然生态系统。

在我们德国曾经到处都是原始森林，只在出现高山或沼泽的地方，森林才会被阻断。许多色彩鲜艳的草本植物，也包括蝴蝶，大部分可以算是人类文明的产物。在我们的祖先将树林砍伐之后，它们才陆续浮现出来。人类之所以特别偏爱没有树林的地理环境，有一个非常简单的原因：从生物学角度来看，我们属于草原动物，在这种一目了然的地理环境中，我们才能感到更安全。

您还记得之前提到过的大型食草动物理论吗？这理论必须在这里再被否定一次，以免在人们混淆了自然保护与审美两个概念时，将心里的天平倒向后者。如果我们能做到放任大自然自由发展，那么在河流的两侧又能形成河边森林，虽然您将见不到彩色的草本植物和漂亮的蝴蝶，但还会有数万种其他生物能在这里找到它们重要的生存空间。

您可以回想一下树汁食蚜虻：直到不久前，还没有任何人认识它们，如果海克牛在树汁食蚜虻被发现之前，就已经将所有新发芽的树叶都吃光，使得湿润的树林变成了草原，那么树汁食蚜忙就会因此默默地消失，人们甚至不会知晓它们的存在，就更别提想念了。我们还不能很好地理解大自然这个巨大的钟表，只要这一点没有改变，我们就不应该尝试着修理它。

在此有一点我想要申明：我并不是完全反对，人类采取特殊的方法来保护某一个物种，即便是涉及像披肩榛鸡或雄松鸡这样的人类文明追随者。如果这一物种是在某个历史性的时期迁移到我们这里来的，而在当时这一物种在全球都受到灭绝的威胁，那么（也只有在这种情况下）人们应该对它们特别处理，即使这样会部分地改变当地的森林生态系统。如果不是因为某个物种在全球范围内受到威胁，那么任何对自然这一复杂体系的干预都是应该被禁止的。

对赤鸢的保护，就属于这一类允许人为干预的特例。赤鸢属于鹰形目，它们外观雄伟，翼展有将近180厘米。它们绝对属于人为干预地貌下的受益者。在中欧最初的原始森林里，人们很少能看到赤鸢，因为它们需要开阔的空间，以便在滑翔中搜寻小型哺乳动物、鸟类以及昆虫。人类的伐林恰巧帮到了它们：因为人类开辟了草原，而这为它们创造了极佳的捕猎机会。

每到夏天，您可以在大片草地上观察到，赤鸢的适应能力有多强。只要有农民用拖拉机将草铲平，就经常会有一只赤鸢尾随其后。它就飞在拖拉机后面，搜寻被轧扁的老鼠或幼鹿。世界各地的赤鸢数量大约25只到3万只不等，其中大部分生活在德国，而其他地区的赤鸢数量在急剧下降。如果我们这里只保持着本地应有的状态——森林密布，那么大部分赤鸢也就没有了出路。实际上，赤鸢在我们这里找到了第二个家园，相比于其他地区，这里更安全，而我们也应当尽力让这个安全状态维持下去。为此，我们首先需要加强对农村某些小型地块的保护，比如那些小型的草地和农田；其次我们要维护那些可用于鸟类筑巢的树木，并且划分出不涉及经济用途的森林保护区域。

我只想再提醒您一句：我们现在讨论的是人类对自然进程有意识的干预，而无意识的干扰我们已经在随时随地进行着，所以我想将讨论的对象限制在未被开垦的空地上。我们已经将大部分土地上的植物（即树木）替换成粮食、土豆和蔬菜。普遍种植的品种并不来源于这片土地。即使是在保留下来的树林里，也存在很大部分的地块，上面种着外来的物种。如果我们在自然保护区内，能让自然自己来掌舵，不是很好吗？

如果您现在认为，我们已经做到了让自然自己来掌舵，那么就请您看一下自然保护区以及国家公园的相关资料。在那里，形形色色的维护和发展计划，大摇大摆地将除草机、电锯以及大型机械设备投入使用。这些行为既没有带给森林美观，又没有从生态上使许多本地的野生物种得到救助。我们已经看到，我们想要将大自然修理好的愿望经常会落空。那么我们为什么就不能完全相信，没有我们人类，大自然所拥有的数百万年的机制依旧可以正常运转呢？

* * *

在世界范围内所有关于森林破坏的噩耗中，也混杂着越来越多充满希望的声音。越来越多的人愿意保护森林并且种植新的树木。而植树又引申出一个问题：如此复杂的自然生态系统真的能被重建吗？巴西的热带雨林恰好给了人们这样的希望。人类的文明进程改变了原来的地貌，巴西雨林对这样的改变特别敏感。旧的地貌反映出某个地质年代，自那个地质年代起地貌几乎再也没有改变过：其中一部分地方从结束于 260 万年前的第三纪起，就再也没有发生过造山运动，也就是说，那里几乎不再有岩石风化作用所导致的土地侵蚀或土地再生。这样的平静一直延伸至地底深处，这里的深处足足有 30 米。

我所管辖的区域内，土壤厚度最多也就只有 60 厘米，底下只有乱石，就连表面那层土壤也含有许多石块，而在亚马孙河区域内的许多热带土壤中，所有物质都被完全分解成了最小的颗粒。这样的土壤听上去是不是很肥沃？

然而事实却恰恰相反，这经过了数十万年雨水冲刷的土壤，已经流失了大部分营养物质，因为这些营养物质被渗入的雨水带到了植物根部无法触及的深度。但如今这一区域内植物繁茂，树木葱郁——这看起来有违常理。事实之所以可以如此，因为树木将营养物质锁定在自己的系统中，它们主宰着昆虫、菌类以及病毒，这些小生物通过啃食和消化死去的生物质，将营养物质再次带回循环系统中。每一根腐朽的树干、每一片被昆虫啃食过的树叶，以及再次作为腐殖质被排出的粪便，都会重新释放出储存在其中的矿物质，这些矿物质会立刻被树根吸收，并重新用于生成新的生物质。

如果人们砍伐光这样的树林，那么这一循环将被突然打断。如果人们使用火耕，被烧尽的树林会留下许多灰烬。而这些无异于浓缩营养物质的灰烬，会毫无遮挡地被大雨冲刷，并且被河流带走，一去不回。

由于这一原因，被破坏后的土地经常只在很短一段时间内有利用价值——直到灰烬与其昙花一现的施肥效果最终烟消云散。重新闭合的土壤中，几乎再也长不出新的树木，即便是移植上去的树木存活了下来，它们也必须努力地为了生存而抗争。真正拥有几百万物种的热带雨林，也必须建立在所有菌类、昆虫和脊椎动物回归的基础上。这些物种需要非常特殊的生存条件，以至于热带雨林的回归几乎不可能实现。还是事实并非如此？

让我们再次回到砍伐森林的起点。森林已经消失，土壤也已耗尽。如果营养物质永远被掩埋在地底深处，或是被雨水冲刷到附近的河流中，那么人们还如何对恢复森林原貌怀抱希望？毕竟自然不存在这样的机制，可以重新洗牌或者回归远古海洋让一切重来。然而现在还没有到彻底无望的境地，被扒开的土地应该还不至于变成沙漠。

对于矿物质短缺，撒哈拉沙漠可以帮上一点儿忙。那里的沙尘暴可以将大量非常细小的泥土颗粒扬到高空，并将其从非洲带往南美洲。到了南美洲，这一“包裹”又会经历持续强降雨的冲刷，而重新滋养土壤。每年有将近3000万吨泥土堆积到一起，其中作为极其重要肥料的磷元素，就占到大约2.2万吨。

马里兰州大学地球系统科学跨学科研究中心（ESSIC）的科学家们通过卫星图像对这一现象研究了7年，目的是尽可能精确地计算出沙尘的数量。虽然这一数量浮动性很大，但是科学家做了估算：持续来自空气中的沙尘，补充了土壤中由于降雨而被冲刷掉的营养物质。

然而这一点只适用于完好无损的森林。如果这片树林被砍伐光了，矿物质的流失率就会急剧上升。唉，这就意味着自然又进入了一个恶性循环。境况真的就这么毫无希望了吗？不，情况并非如此，正如亚马孙河流域被砍伐的热带雨林所展现的：在原始森林消亡之后，大片空地上突然出现了外来的定居者——那就是人类。

圣保罗大学由珍妮弗·沃特林带领的一个研究团队，在巴西阿克里州发现了450处地质印痕——带有几何形状的巨大地貌图案，这些图案由沟渠和壁垒组成，整个分布面积高达1.3万平方公里。为了修筑这些巨大图案，人们必须砍伐森林，但当地的原住民明显进行得十分小心谨慎，他们并没有将更大范围内的树木砍光，而这一点已经得到科学家的证实。这种延续了几千年的森林经营方式还是不错的。等等，得到了科学家的证实？人们如何能探究到几千年前砍伐树林的范围？

植物中一些细小的硅酸颗粒，也就是所谓的“植结石”，可以有助于判断树林范围。对于不同种类的植物，这些小石头或者小晶体也存在差异，但是更重要的是：它们与有机物质不同，不会很快被腐蚀，而是可以保存很长一段时间。根据不同植结石出现的频率，人们可以重塑当年植被的组成。

珍妮弗·沃特林和她的研究团队探寻出，在4000年间，虽然印第安人改变了当地的森林状况，但作为典型户外植物的野草，所占比例却从未超过20%。然而森林中树木种类的构成却发生了极大的改变。棕榈树，既作为人类的食物来源，又作为建筑材料的重要货源，在建筑物附近被大量种植。即便在人们已经完成定居任务600年之后的今天，那些地质印痕附近所保留下来的大量棕榈树依旧引人注目。

这一研究结果很令人振奋。首先，这一种“农业－森林经济”——也就是在同一片土地上混合了农业与森林的经济类型，显然可以在很长时间内，并且在不破坏环境的前提下，运作自如。过去原住民能做到的，现如今我们应该也可以，这里揭示了一个方法，如何在人类参与其中的前提下，尽可能多地保留树木。其次，在过了600年之后，这片树林生长得很好，以至于科学家在得出结论之前，甚至以为这里原本就是一片棕榈树林，从来没有被人类染指过。我们应该可以给森林生态系统自身的力量更多信任，而“不可恢复”这个词，应当从我们的环保辞典中被去除。最后，我们真的需要认真聆听自然的声音。

印第安的定居者在大范围的土地上实施了促进经济的管理方案，当他们消失以后，在这片大面积的土地上，树木又重新生长起来。小面积的农业耕地很快被树木取代，整个森林又重新变回密不透风的状态，许多碳水化合物也再一次以粗壮树干的形式被积攒了下来。森林一下子多了那么多能源，以至于研究团队认为，这片森林完全有可能因此（而不是因为之前提到的火山爆发）而安然度过了之前的小冰河期——那个全球变冷的阶段。从公元 15 世纪到 19 世纪初，全球气温下降，很多地方农作物颗粒无收并陷入饥荒。同时伴随而来的还有多雨湿冷的夏季，以及漫长严酷的寒冬。是后来亚马孙热带雨林的回归解救了这一切吗？

我们当然没有人愿意回到饥荒年代，我们现在的问题也不再是寒冷，而是气候日益变暖。好消息是：我们不仅重新找回了原始森林，而且也使气候朝着正确的方向发展。为此我们什么都不需要做，相反，我们应该在尽可能大的自然范围内，放手任其自由发展。

第十七章

关于科学语言

About the scientific language

将客观事实，用充满感情的话来阐述，
使您能充分领悟到自然有多富饶。

我非常喜欢叙述某件事情，也非常喜欢弹奏尤克里里，虽然至今我还是弹不太好。而叙述则不同，它的好坏更取决于读者的反馈（所以这或许也取决于您）。我还记得我第一次上电视是在 1998 年，那时我开设一些在森林深处的求生课程。在这课程中，学员必须仅仅依靠睡袋、水杯和小刀来度过整个周末。这样的内容是电视和杂志所求之不得的（关键词：那个生吃虫子的护林员！）。此后西南广播电视台的一个摄像组来到我负责的林区采访了一个课程组——当然也包括我。

我自我感觉节目做得很不错，之后还信心满满地和全家人一起，观看了地方电视台播放的这一段采访。然而全家人并没有对我的表现大为赞叹，而是很快开始数我一句话中多次重复出现的“呃”的口头禅。我的孩子们会乐此不疲地每隔几秒就大喊:“爸爸，又一个‘呃’！”而相反，我的兴致则随着他们每一次喊叫，都会减小一些，最后我变得心情沮丧。于是在后来的采访中，我会很尴尬地尽量注意，避免出现这些“呃”，慢慢地我也获得了一些赞赏。

在我为人们做森林向导时，与这类似的情况也经常发生。比如我在向人们讲解生态森林经济，或者介绍我们名为“永恒森林”的森林墓地时，虽然没有人会纠正我语言上的毛病，但还是会有人不断地提出些问题。我很快发觉，我运用了太多的专业术语，并且还会将那些让我揪心的事情——奇妙的森林生态系统与它受到的威胁，描述得太过客观与平淡。在我做讲座的时候，观众的反应更加直接，也更让人伤心，因为只要有一个观众耷拉下眼皮，我就明白了，我的叙述有多枯燥。在接下来的几年中，我做叙述时的基调，慢慢偏向于更加感情化，这也能够更好地表达我内心的立场。或者可以说：我放开了自我，让我的心而不是我的头脑来说话。

在我的工作中，总会有参观森林的成员在参观结束后问我，我说的那些讲解词在哪里可以重新查阅到。我总是抱歉地耸耸肩。终于有一天我太太提醒了我，至少应该写下几页我的讲解词，这样感兴趣的人可以得到一些留在纸面上的内容。那时我就产生了一点儿写作的念头。后来一位熟人建议我，在带团做讲解时可以带一个口述录音机，之后根据录下来的内容编成一本书。嗯，不得不承认这个方法给我的感觉也不错。

所以我在一次去拉普兰的旅行中，在房车里备了记事本和笔，开始将带领参观团时所叙述的话记录在纸上。我的初衷是：如果到了年底还没有出版社对于发表我的叙述表现出兴趣的话，那么我就可以彻底放弃写作的念头了。我没有想到，最终事实同我的预计相反。一家名为阿达提亚的小型出版社（现在已经不再运营了）出版了我的第一本书——《无人守护的森林》，我当时想，这本书应该已经包含了所有我想说的内容。然而之后几年中，我又陆陆续续地写了一些其他的内容，慢慢地，我也开始对写书产生了兴趣。

可惜我在写书时，还是缺乏与其他护林员关于如何对待森林问题的专业讨论。过了一段时间我明白了，作为一名作家，最理智的做法是：不要公开讨论有争议的话题。然而到最后，我的另一本书《树木的秘密生命》还是在专业和森林领域备受争议。如今来自广大读者的压力越来越大；越来越多的民众开始质问，为什么人们需要在森林里使用一些重型机械设备。

然而大部分林业领域的批判者都没有对我阐述的内容进行过深入的研究，而是将矛头指向了另一点：我叙述的语言太感情化，我的描述将树木和动物拟人化了，这在科学范围内是不正确的。

然而没有感情的语言还算得上是人类的语言吗？我们在大部分情况下的反应，不都是以感情为基础吗？是不是对自然的描述必须做到：事无巨细地从生物化学角度解析所有生物的细节，也就是将动物和植物视为带着基因程序的全自动生物机器？这样去描述我们人类自己的感觉和行为倒也是可行的，但是我们的心理活动以及丰富的生活经历就无法被表达出来了。对我来说更重要的是：将客观事实，用充满感情的话来阐述，使您能充分领悟到自然有多富饶。因为只有这样，我才能引导人们明白最重要的一点：善待我们自然中的其他生物，以及尊重它们所有的神秘特质。

致谢

THANKS

大自然的网络如此多样化，是根本无法用一本书的篇幅来表述完整的。所以我必须挑选一些令人印象深刻的例子，并且将这些例子互相关联到一起，才能让读者对自然的整体性有所了解。为此我的太太米丽娅姆女士给了我很大帮助。她在通读我的原稿时，总是带着质疑的态度，当看到写得不成熟的段落时，她会毫不客气，直截了当地指出那些不足之处，帮助我更敏锐地看到改进的可能性。

我的两个孩子卡丽娜和托拜厄斯是我持续的灵感来源。我们在早餐饭桌上，以及电视机前（这一电子设备取代了以前壁炉在家中的地位），有过无数的讨论。在那里，一些能写进书中的新观点，总能闪现在我眼前。

我在许梅尔地区森林学院的两位同事利德维纳·哈马切尔和克斯廷·曼海勒，也让我在著书期间可以毫无后顾之忧。当我写这本书的时候，我们正处于学院刚成立的紧张阶段。在我必须抓紧时间赶稿时，这两位同事总能非常体谅我，替我完成了许多学院的管理工作。

如果出版社不是从一开始就对我从事的森林向导工作充分信任的话，也就不会有“树木—动物—网络”这一整个系列图书的出版。我的代理人拉斯·舒尔策·科萨克协助完成了我所有的公关事务，并且扫清了在此期间出现的各种障碍。

路德维希出版社的海克·普劳尔特女士对我也是完全信任，并且让我在稿子中自由发挥，从而减轻了我许多负担。同时出乎我意料的是：我可以如我所愿同时写所有的章节——可能有些人并不习惯这样的写作方式。我的编辑安杰莉卡·利克女士也十分用心地帮我修饰了原稿。

宣传部门的比阿特丽斯·布雷肯·格尔克女士尽可能地限

制来自媒体的打扰，让我能有足够的空间喘口气，尽管我还是十分乐意回答记者提出的各类问题。

除了上述提到的，还有许多参与此书出版过程的同行朋友，很抱歉在此我不能一一列举：从印刷发行到售书，所有人都尽心尽职，才使此书能最终出现在读者手中。对此我也要衷心地感谢各位读者：可以说您是从茫茫书海中选中了此书，来与我共同体验大自然的魅力。

善待我们自然中的其他生物，

以及尊重它们所有的神秘特质。

图书在版编目（CIP）数据

大自然的社交网络 / (德) 彼得·渥雷本著；周海燕，吴志鹏译．-- 北京：北京联合出版公司，2018.4
ISBN 978-7-5596-1676-0

Ⅰ．①大… Ⅱ．①彼… ②周… ③吴… Ⅲ．①动物 - 普及读物②植物 - 普及读物 Ⅳ．① Q95-49 ② Q94-49

中国版本图书馆 CIP 数据核字 (2018) 第 023411 号
著作权合同登记 图字：01-2017-9110 号

Original title: Das geheime Netzwerk der Natur by Peter Wohlleben

大自然的社交网络

项目策划	紫图图书 ZITO®	**监　　制**	黄　利　万　夏
作　　者	[德] 彼得·渥雷本	**译　　者**	周海燕　吴志鹏
责任编辑	李　红　徐　樟	**特约编辑**	路思维　陈一琛
版权支持	王秀荣	**内文插画**	张胖胖
装帧设计	紫图图书 ZITO®		

北京联合出版公司出版
（北京市西城区德外大街 83 号楼 9 层　100088）
艺堂印刷（天津）有限公司印刷　新华书店经销
175 千字　889 毫米 ×1194 毫米　1/32　9.25 印张
2018 年 4 月第 1 版　2018 年 4 月第 1 次印刷
ISBN 978-7-5596-1676-0
定价：59.90 元